Ingrid Kruse

Einstein in der Küche

Ingrid Kruse

Einstein in der Küche

oder warum das Wasser Tango tanzt

Delphin Verlag

Illustrationen von Sebastian Huber, Rosenheim

Bildquelle für die Seiten 180 bis 183:
Bildstelle des Deutschen Museums, München

Umschlaggestaltung: Zembsch' Werkstatt, München
Satz: Fotosatz-Service Weihrauch, Würzburg
Druck und Bindung: Wiener Verlag
Printed in Austria
ISBN 3.7735.5482.6

Inhalt

Einstein in der Küche

Zu gerne wüßte ich, was Sie bei dieser Überschrift denken, was Sie erwarten. Natürlich läßt sich der Inhalt nicht in einem Satz wiedergeben, aber kurz gesagt:

Einstein steht für Physik und
Küche, da ist die Hausfrau nicht mehr fern.

Was das bedeutet? Kaum etwas ist so eng miteinander verbunden wie die Hausfrau und die Physik. Zweifel? Ihr gutes Recht, aber ich hoffe, daß Sie am Ende des Buches überzeugt sind, überzeugt davon, daß Physik eine wunderbare Sache, Hausfrau einer der vielseitigsten Berufe und die Verbindung von Hausfrau und Physik so selbstverständlich ist, daß man es gar nicht bemerkt.

Die Physik befaßt sich mit den Erscheinungen und Zuständen der unbelebten Materie. Aber auch die unbelebte Materie wie Blitz und Donner, elektrische Energie, die Anziehungskraft der Erde, die Gewalt des Wassers, das Licht und die Wärme ist Natur.
Wie die Naturgesetze entstanden sind? Gab es sie vor Entstehung der Erde, haben sie sich später entwickelt? Einstein sagte mal: „Was mich wirklich interessiert, ist die Frage, ob Gott bei der Schaffung der Welt irgendeine Freiheit hatte.“

Der Mensch versucht seit Jahrtausenden die Naturgesetze zu erforschen, zu erklären und anzuwenden. Entweder sind die Naturgesetze offensichtlich (das Fallgesetz) oder müssen durch Experimente oder aus Erfahrungen gewonnen werden.
Wenn ich die Hausfrauen als Gesprächspartner gewählt habe, dann deshalb, weil mir als Mutter die Hausarbeit nicht erspart bleibt und mir gerade dabei der physikalische Hintergrund auch einfachster Tätigkeiten auffiel. Die Physik ist eben allgegenwärtig. Physik, das ist nicht nur die schnaubende Dampfmaschine, die schreckliche Atombombe, Physik ist auch, wenn wir uns morgens genußvoll auf der federnden Matratze strekken, Kaffee und Frühstücksei zubereiten, in den Spiegel schauen, telefonieren oder zur Brille greifen. Selbst den gemütlichen Abend mit Lampenlicht, Heizung, Schallplatten und Fernsehen beschert uns die Physik. Ist das nicht Grund genug, der Physik dankbar zu sein? Und nicht nur um, sondern auch in uns ist die Physik: Auge und Ohr, Nerven und Stoffwechsel, Sprache und Bewegung sind physikalisch erklärbar und vor allem auch nachahmbar. Millionen Behinderte können dank der Physik durch Seh-, Hör-, Sprach- und Bewegungshilfen am Leben teilhaben oder durch Herzschrittmacher und künstliche Niere weiterleben.

Warum ist das Wissen um die Naturgesetze lebenswichtig?

Die Naturgesetze nicht zu kennen, kann tödlich sein. Hörten Sie auch von dem jungen Mann, der sich als blinder Passagier im Fahrwerk einer Lufthansa-Maschine versteckte? Hatte er nicht gewußt, daß in 10 000 Meter Höhe Temperaturen von minus 50 Grad und ein großer Unterdruck herrschen, daß dort kein Sauerstoff zum Atmen ist, daß sein Flug mit dem Tod enden mußte?
Nun bestehen in unserer Küche keine extremen Bedingungen, dafür aber genug Gefahren, vom wackeligen Küchenstuhl bis zum Stromschlag. Physikalische Grundkenntnisse sind auch notwendig, um naturwissenschaftliche Probleme von großer Tragweite zu beurteilen. Das Beispiel der Katastrophe von Tschernobyl drängt sich auf. Was erwartete man in den Tagen danach von uns Müttern und Hausfrauen? Wir sollten über Alpha-, Beta- und Gammastrahlen Bescheid wissen, anhand physikalischer Meßergebnisse in Millirem, Röntgen und Becquerel entscheiden, ob wir unseren Kindern die belastete Milch geben können oder nicht. Waren wir damit nicht alle überfordert?

Hausarbeit – unbewußter Umgang mit der Physik

Zeigen möchte ich, daß eine Hausfrau unmittelbarer mit Physik zu tun hat als mancher Wissenschaftler oder Computerfachmann. Eine Frau macht viele Dinge aus gesundem Menschenverstand richtig und beherrscht – oft unbewußt – physikalische Grundregeln. Wir Frauen werden so selten wegen unseres technischen Verständnisses gelobt, da ist es an der Zeit, das mal zu tun.
Und noch eins können wir tun: uns die Hausarbeit interessanter gestalten. Wir müssen nur ein bißchen über das „Warum?" und „Wie?" bei den oft recht eintönigen Arbeiten nachdenken. Ob wir kochen, waschen, bügeln, die Physik ist immer dabei, nicht wie etwas Schlimmes, Bedrohliches, sondern wie ein sympathischer, stiller Freund, den wir nur erkennen müssen.

Unsere Kinder werden in der Schule oft mit Dingen vollgestopft, die sie schon nach der nächsten Prüfung vergessen. Deshalb habe ich auf Fachausdrücke, Formeln und Zahlen bewußt verzichtet.
Ich will kein Wissen dokumentieren, das Sie in jedem Lexikon oder Fachbuch finden. Statt dessen möchte ich Ihnen die interessanten Erscheinungen der Physik bewußt machen und Sie zum Beobachten anregen.

Persönliche Erfahrungen

Warum heben viele bei dem Wort Physik abwehrend die Hände? Weil ihnen die Physik nie lebendig gemacht wurde. Besonders wir Frauen werden häufig von der Physik „verschont", weil sie zu rational erscheint. Können wir nicht logisch genug denken?
Ich persönlich hatte es immer mit Männern zu tun, die auch Frauen für technisch begabt hielten. In der Schule war es ein Studienrat vom alten Schlag, der uns alle „gleich" behandelte, der sich aber auch nicht um den Lehrplan scherte, sondern Schmelzen und Erstarren dann durchnahm, wenn es draußen wirklich schneite oder fror. Gebannt starrten wir auf das Thermometer im schmelzenden Schnee. Würde die vorausberechnete Temperatur stimmen?
Später waren meine Freundin und ich in einer naturwissenschaftlichen Klasse die einzigen Mädchen. Was tat der Lehrer? Er lobte unser physikalisches Verständnis!

Und selbst während des Studiums hatten wir einen Professor, der uns alle gleichermaßen für die Physik zu begeistern suchte, der uns so herrliche Aufgaben stellte wie die Frage: „Wenn man die Kaffeetasse (45 Grad C) von Tante Emma auf einen Gletscher stellt, um wieviel erwärmt sich das Eis?"

Ob ich auch meinen Mann erwähne? Er hat Physik nicht nur gelernt, sondern auch verstanden und mir bereitwillig geholfen. Danke!
Mein ganz besonderer Dank gilt aber Herrn Professor Stanek für die Durchsicht des Manuskripts und die guten Ratschläge.

Einstein, der Titelheld

Muß ich Skrupel haben, im Titel dieses Buches den Namen Einsteins zu benutzen? Einstein, der den Personenkult verabscheute und vor seinem Tode festgelegt hatte, daß seine Asche verstreut und seine Wohnung in der Mercer Street kein Museum werden soll – ausgerechnet er wird regelrecht vermarktet, sein Bild ziert das intelligente Spiel oder das Computerbuch. Er teilt das Schicksal Goethes, der auf kaum einem Abreißkalender fehlt und als Alibi für derbe Ausdrücke ebenso wie für amouröse Abenteuer herhalten muß. Doch Einstein gehört nun mal zu den populärsten Persönlichkeiten, nicht nur wegen seiner revolutionierenden Erkenntnisse in der Physik. Aufsehen erregte er auch als Mensch: durch wechselnde Staatsbürgerschaften, sein Bekenntnis zum Judentum, aber auch durch seine Zweifel am Zionismus (Ablehnung des Präsidentenamtes von Israel).

Ich bin sicher, Einstein wäre mir wegen des Titels nicht böse. Er hatte Sinn für Humor, als Beispiel mag sein Porträt mit ausgestreckter Zunge gelten,

das er 1951 als Postkarte an seine Freunde verschickte. Für die Grundlagen-/Alltagsphysik wäre zwar Newton als Namensgeber treffender gewesen, aber auch Einstein hat sich mit „normalen“ physikalischen Vorgängen beschäftigt und sie einfach und anschaulich erklärt.
Ob Einstein je an einem Herd gestanden hat? In allen Einstein-Büchern versuchen die Autoren, den komplexen Gedankengängen des großen Wissenschaftlers zu folgen, versuchen, dem Fachmann oder gar dem Laien die Relativitätstheorie zu erklären. Über „hausfrauliche/hausmännliche“ Fähigkeiten wurde nichts an die Nachwelt weitergegeben – zumindest fand ich nichts.
Oft veröffentlicht sind natürlich seine allgemeinen Lebensdaten:

1879 in Ulm geboren.
1880 Umzug nach München (Gartenhaus in Sendling).
1894 Konkurs der Apparatefirma des Vaters, die Eltern zogen nach Italien, der blasse, zarte und verträumte Albert blieb in München auf dem Luitpold-Gymnasium.
Ohne Reifezeugnis folgte Albert – 15 Jahre alt – seinen Eltern und wurde später nach erheblichen Schwierigkeiten am Polytechnikum in Zürich angenommen.
1900 Abschluß des Polytechnikums in Zürich.
Mühsam war sein berufliches Fortkommen und eintönig das Junggesellenleben. Wollte er dem entfliehen, als er
1903 die vier Jahre ältere Mathematikstudentin Mileva Maric heiratete? Sie lebten in einer frostigen Wohnung in Bern. Nur zögernd wurden seine wissenschaftlichen Arbeiten akzeptiert, die die frühere Mechaniklehre revolutionierten.
1905 Spezielle Relativitätstheorie und Lichtquantentheorie.
1912 Berufung an die ETH Zürich (er bedurfte dazu noch eines Empfehlungsschreibens von Marie Curie).
1914 Leiter des Kaiser-Wilhelm-Instituts in Berlin.
1916 Allgemeine Relativitätstheorie;
privat: Trennung von seiner Frau und den zwei Söhnen.
1921 Nobelpreis.
1933 Emigration nach Belgien (Hitler hatte 50000 RM auf seinen Kopf ausgesetzt), später nach Princeton (USA).
Dort starb er am 18. April 1955.

Obwohl „seine“ Formel $E = m \cdot c^2$ als Schlüssel für die Atombombe gilt, hat er selbst aus Sicherheitsgründen und wegen seines Alters nicht in Los

Alamos an der Atombombe mitgearbeitet. Nach der Kapitulation Deutschlands gehörte er zu den entschiedensten Gegnern der Atombombe. Noch zwei Tage vor seinem Tod unterzeichnete er eine zusammen mit dem Engländer Russell verfaßte Petition.

Interessanter als diese Aufreihung von Daten wäre, etwas mehr über den Menschen Albert Einstein zu erfahren. Es gibt wenig Persönliches. Er war der Meinung, das Privatleben eines Mannes sollte auch 300 Jahre nach seinem Tod noch privat bleiben.
Bekannt und oft publiziert ist natürlich, daß Alberts Kindheit nicht gerade vielversprechend begann. Er lernte erst mit vier Jahren sprechen und seine schulischen Leistungen waren nur mittelmäßig (Mathematik mochte er überhaupt nicht). Millionen Mütter trösten sich seitdem mit diesem Werdegang. Doch Vorsicht ist geboten. Leider lassen sich diese Aussagen nicht umkehren. Aus schlechten Mathematiknoten kann man noch längst nicht schließen, daß aus dem Sprößling später mal ein Genie wird. Grund für Einsteins geringe Schulerfolge dürfte die früh ausgeprägte Abneigung gegen jede Form von Drill und sturem Auswendiglernen sein, denn andererseits bestätigte ein verständnisvoller Mathematiklehrer schon dem 15jährigen die Hochschulreife.

Ein Widerspruch zu seiner Abneigung gegen Aufsehen ist, daß er – unbewußt oder nicht? – gerade dieses durch sein Auftreten und seine mehr als lässige Kleidung erregte. Und als phantasievoll würde ich werten, daß er am Ende der Bedenkzeit, ob er dem Ruf nach Berlin folgen wolle, dem Physiker Nernst dies schon am Bahnsteig durch eine rote (ja) oder weiße (nein) Rose zeigen wollte (er trug eine rote!).

Wie war Einstein als Familienvater? In einer Geschichte wird das Familienleben so geschildert:

> Albert Einstein konnte Feuer schüren, einen Sohn auf dem Schoß haben, mit dem anderen Bein den Kinderwagen mit dem Baby anschieben und gleichzeitig noch wissenschaftlich arbeiten.

Ist das möglich? Ich kann, wenn ich zwei Kinder zu beaufsichtigen habe, nicht mal konzentriert die Zeitung lesen.

Je mehr Einstein in die höheren Sphären der Physik einstieg, um so mehr entfernte er sich vom Familienalltag. 1916 erfolgte die endgültige Trennung von seiner Frau und den Kindern. Ganz entrückt vom Alltäglichen scheint er aber doch nicht gewesen zu sein, denn er heiratete wieder, und zwar seine Cousine, von der man sagt, sie habe im Gegensatz zu seiner ersten Frau nichts von Physik verstanden, sei aber eine hervorragende Köchin und liebevolle Gastgeberin gewesen.

Der Name Einstein wird automatisch mit „Physik in Vollendung" verbunden, mit seiner Erkenntnis, daß Zeit und Raum nicht unveränderlich, daß Masse und Energie äquivalent sind ($E = m \cdot c^2$). Für Nichtphysiker sind auch seine Ansichten über Kultur, Gesellschaft und Soziales interessant, z.B. sagte er 1936 über die Schule:

> „Am schlimmsten scheint es mir zu sein, wenn eine Schule hauptsächlich mit den Mitteln von Furcht, Zwang und künstlicher Autorität arbeitet. Solche Behandlung vernichtet das gesunde Lebensgefühl, die Aufrichtigkeit und das Selbstvertrauen des Schülers ..."

Geburt und Kindheit in Bayern, das verpflichtet. So hat der bayerische Staat Albert Einsteins markantem Kopf einen Platz in der Walhalla, dem Ruhmestempel deutscher Dichter und Denker, zuerkannt.

Einstein wird als der größte Physiker des Jahrhunderts bezeichnet. Ist der Gedanke so abwegig, daß die jetzige Generation einen noch größeren Physiker hervorbringt? Viel Zeit im 20. Jahrhundert hat sie dazu allerdings nicht mehr.

Wärmelehre

Gemeint ist weder die Herzens- oder Nestwärme, die wir unseren Kindern oder einem anderen Menschen geben, noch die philosophische Betrachtung der Wärme durch menschliche Nähe.
Was versteht die Naturwissenschaft unter „Wärme“?
Fragen Sie doch mal einen technisch versierten Bekannten, was eigentlich Wärme ist. Vielleicht haben Sie mehr Glück als ich. Ich habe selten eine klare Bestimmung des Begriffs Wärme bekommen. Da ist natürlich von Wärme als Energieform die Rede, von kinetischer Energie oder von Bewegungsenergie der Moleküle. Das alles wirkt sehr theoretisch für etwas, das uns so vertraut ist wie die Wärme. Wärme, die man spürt, auf die man reagiert, die viele Bereiche unseres Lebens bestimmt.
Doch da wir auch mit einem Taschenrechner umgehen, ohne zu wissen, wie die integrierten Mikrochips funktionieren, wollen wir uns auch mit der Wärme beschäftigen, ohne ganz genau zu wissen, in welchen Bahnen sich nun die Moleküle bewegen, um „Wärme“ zu sein.

Temperatur

Warm und kalt sind relativ

Wärme wird sehr „relativ“ empfunden. Einstein erklärt das ganz einfach: An einem Frühlingstag in New York wird es ein Eskimo als warm, ein Bewohner der Äquatorialzone als kalt empfinden.
Auch folgender Test zeigt das subjektive Empfinden:

Drei Behälter sind gefüllt:

rechts mit Leitungswasser (ca. 15 Grad),
links mit heißem Wasser (ca. 50 Grad),
in der Mitte mit lauwarmem Wasser (ca. 38 Grad).

Nun taucht eine Person einen Arm in das rechte Gefäß, eine andere Person ihren in das linke, beide nach einigen Minuten in das mittlere. Wer erst im kalten Wasser war, empfindet das mittlere Wasser als sehr warm, wer sich an das heiße gewöhnt hatte, glaubt, das mittlere Gefäß enthalte kaltes Wasser.
In einem strengen Winter hatten wir Temperaturen von −25 Grad, als es dann nur noch 5 Grad minus waren, kam es uns „warm“ vor. Hätten wir eine solche Temperatur plötzlich im Hochsommer, würden wir vor Kälte zittern. Der Mensch empfindet also Temperaturunterschiede, kann aber Temperaturen selbst nicht exakt beurteilen. Dies erkannten schon unsere Vorfahren, und deshalb ist die Geschichte der Thermometer schon relativ alt.

Thermometer

Warum friert man in London bei 50 Grad?

Ein erstes Thermometer hatte schon Galilei erfunden, weitere Erfinder sind:

Celsius, Anders, ein schwedischer Physiker (* 1701 in Uppsala, † 1744 ebenda). Er setzte als erster für den Schmelzpunkt von Eis (= Gefrierpunkt des Wassers) null Grad und für den Siedepunkt des Wassers hundert Grad.
Diesen Bereich unterteilte er dann in 100 Einheiten, jede Einheit bedeutet ein Grad, unter Null Minusgrade.

Fahrenheit, Gabriel Daniel, deutscher Physiker (* 1686 in Danzig, † 1736 in Den Haag), ließ sein Thermometer bei dem tiefsten von ihm gemessenen Wert beginnen. Das war folglich kein allgemeingültiger Wert, sondern abhängig vom Tag und Ort der Messung. Ein Zufall also, daß es, verglichen mit dem Celsius-Thermometer, −32 Grad C waren. Der Gefrierpunkt liegt demnach beim Fahrenheit-Thermometer bei 32 Grad F. Den Bereich zwischen Gefrier- und Siedepunkt des Wassers teilte Fahrenheit in 180 gleiche Teile (Siedepunkt also bei 212 Grad F).

Merkwürdigerweise ist das „schwedische“ Celsius-Thermometer bei uns in Deutschland üblich, während man die „deutsche“ Fahrenheit-Einteilung in den angelsächsischen Ländern benutzt.
Um eine Wettermeldung von BBC London zu verstehen, müssen wir immer erst umrechnen:

✦ Temperatur in Celsius = $^5/_9$ mal (Temperatur F −32 Grad F)

Beispiel: In London herrscht dem Fahrenheit-Thermometer nach die behagliche Wärme von 50 Grad F. Sie frieren aber trotzdem, das wird verständlich, denn:

50 Grad F −32 Grad F = 18 Grad F
$^5/_9$ von 18 Grad F = 10 Grad C

Fahrenheit:	0	10	20	30	40	50	60	70	80	90	100
Celsius:	-18	-12	-7	-1	4	10	16	21	27	32	38

Die Einteilung in 80 Grad R nach dem Franzosen mit dem klangvollen Namen **René Antoine Ferchault de Réaumur** (1683–1757) ist kaum noch gebräuchlich.

Daß ein Fieberthermometer nur von 35–42 Grad C mißt, bedeutet keine andere Temperatureinheit. Durch die Begrenzung der Skala auf die mögliche Körpertemperatur (Temperaturen von über 42 Grad sind tödlich) wird eine höhere Genauigkeit bei kurzer Skala erreicht. Ähnlich verhält es sich mit dem Zimmer-, dem Außen-, dem Weck- oder Fleischthermometer. Die Skalen und die verschiedenen Meßflüssigkeiten (Alkohol, Quecksilber) sind den jeweiligen Bedürfnissen angepaßt.

Der Temperaturbereich im Haushalt liegt so in etwa zwischen minus 40 Grad (Schockgefrieren im Gefrierschrank) und plus 250 Grad (im Backofen).
Größere Exaktheit verlangte die theoretische Physik. So beginnt die nach dem Physiker **Sir William Thomson** (1824–1907), 1892 zum **Lord Kelvin** geadelt, benannte **Kelvin-Skala** mit dem absoluten Nullpunkt. Was bedeutet das? Während wir zwischen Wärme und Kälte, wenn auch mit fließendem Übergang, unterscheiden, enthält für die Physiker alles Wärme, sogar die „eiskalte" tiefgefrorene Gemüsesuppe. In der Physik gibt es erst dann keine Wärme mehr, wenn jede Molekularbewegung aufhört, wenn auch Edelgase ohne Druck und Energie sind. Diesen Punkt setzte Kelvin als absoluten Nullpunkt, er entspricht **minus 273 Grad Celsius.** Sollten in Ihrem Kopf Zahlen von 70 oder 80 Grad minus als tiefste Temperatur herumschwirren, dann sind das in der Natur vorkommende Tiefsttemperaturen. Am Kältepol Oimjakon in Sibirien wurden −73 Grad C gemessen, was den Russen noch zu warm war. Sie errichteten in der Antarktis die Station Wostok und haben dort bereits −88,3 Grad C gemessen. Minus 80 Grad Celsius sind aber immer noch 193 Kelvin (ohne Grad). Auf der Kelvin-Skala gibt es keine Minustemperaturen.

Zur Beurteilung physikalischer Vorgänge ist der absolute Nullpunkt sicher notwendig, aber ich bin froh, daß im Hausgebrauch der gute Lord Kelvin noch nicht eingeführt ist und man weiß: Bei −20 Grad Celsius muß man sich warm anziehen, auch wenn es dann noch 253 Kelvin (K) sind.

Wärmeaustausch

Wenn die Füße eisig werden

Alle Vorgänge in der Natur sind auf Ausgleich gerichtet, so „bemühen" sich auch unterschiedlich warme Körper, dieselbe Temperatur anzunehmen, z.B. das Vanilleeis und die darüber gegossenen heißen Himbeeren. Haben wir an einem kalten Winterabend unser mollig warmes Auto vor dem Theater geparkt, gleicht es nach der Vorstellung eher einem Kühlraum, weil es sich der Umgebungstemperatur durch Wärmeaustausch angeglichen hat.
Wie das Wasser immer von oben nach unten fließt, so geht auch

✦ die Wärme immer nur vom warmen auf den weniger warmen Körper über, nie umgekehrt.

Das mag im ersten Augenblick nicht ganz einleuchten. Steht man an einem kalten Winterabend mit zu dünnen Schuhen an der Straßenbahnhaltestelle, hat man das Gefühl, die Kälte käme von unten in die Füße. Aber das trügt, die Füße werden kälter und kälter, weil die Körperwärme in den kalten Boden übergeht.
Auch wenn wir nach der Schneeballschlacht die rotgefrorenen Händchen unserer Kinder umschließen, fließt nur unsere Wärme in die Kinderhände, nicht die Kälte von ihnen zu uns.
Ohne einen fortwährenden Wärmekreislauf wäre menschliches Leben nicht möglich.
Wärmeaustausch findet statt:

✦ Durch Wärmeleitung, z.B. in Metallen.
  Die Wärme pflanzt sich von Teilchen zu Teilchen fort.
✦ Durch Konvektion. Strömende Luft oder Wasser transportieren die Wärme weiter (z.B. bei der Heizung).
✦ Durch Strahlung (Sonne).

Wärmeleitfähigkeit

Die Zunge am Laternenpfahl

Die Fähigkeit, Wärme zu leiten, ist bei allen Stoffen unterschiedlich ausgeprägt. Es gibt darüber genaue und sehr umfangreiche Tabellen. Grob gesagt:

✦ Metalle leiten die Wärme sehr gut.
✦ Luft, Holz und Kunststoffe sind schlechte Wärmeleiter.

Dort, wo die Wärme schnell und ohne Verluste auf einen anderen Körper übergehen soll, z.B. von der Herdplatte zum Kochtopf, benutzen wir Metalltöpfe mit möglichst starkem Stahlboden. Natürlich muß der Topfboden plangeschliffen sein. Ist er gewölbt, dann bildet sich zwischen Herdplatte und Topf ein Luftpolster. Die schlecht leitende Luft verhindert einen unmittelbaren Wärmeübergang (Energieverschwendung!).
Wollen wir den Wärmeaustausch unterbinden, benutzen wir natürlich schlechtleitende Materialien, z.B. zum Umrühren der brodelnden Boh-

nensuppe einen Holzlöffel und zum Anfassen heißer Gefäße die bewährten Topflappen. Korkuntersetzer für die Bratpfanne oder Kunststoffgriffe an Kochtöpfen unterbrechen ebenfalls die Wärmeleitung.
So festlich eine Silberplatte auch wirken mag, auf dem Holzbrett kühlt der saftige Schweinebraten weit weniger schnell ab, weil Holz ein schlechter Wärmeleiter ist. Noch geringer ist die Wärmeleitfähigkeit von Styropor. Die darin verpackte Eistorte übersteht auch die Sommerhitze für einige Zeit, und will man ein übriges tun, kann man das Eis noch in dicke Lagen Zeitungspapier wickeln, weil es das Schmelzwasser (0 Grad) aufnimmt und dadurch zusätzlich isolierend wirkt.
Vieldiskutiert, besonders in Zeiten hoher Heizölpreise, ist die Isolierung von Wänden, Decken usw. durch Materialien mit geringer Leitfähigkeit, damit der Wärmeaustausch mit der Außenluft verhindert wird. Spätestens an der Heizkostenabrechnung ist festzustellen, ob ein „zu guter" Wärmeaustausch zwischen innen und außen stattfindet und wir auch den Garten ein wenig mitgeheizt haben. Dabei kann die Wärme durch undichte Fenster, durch schlecht isolierte Wände (Beton), aber auch über sogenannte Wärmebrücken an die winterkalte Umgebung abgegeben werden. Eine Wärmebrücke kann z.B. ein Stahlträger sein, der zur Stabilität über einem Fenster eingebaut ist. Auch wenn die Wand durch Hohlblocksteine (Luftpolster) eine geringe Leitfähigkeit hat, wird durch diese Wärmebrücken die Zimmerwärme nach außen geleitet.
Eine Miniwärmebrücke können Sie nach sehr kalten Nächten an kleinen Eishütchen an der Innenseite Ihrer Fensterrahmen erkennen, nämlich dort, wo Schrauben oder Nägel als gute Kälte-/Wärmeleiter gewirkt haben.
Nebenbei: Wie haben es wohl die alten (oder jungen) Ritter in ihren extrem leitenden, metallenen Rüstungen ausgehalten?

Die unterschiedliche Wärmeleitfähigkeit ist vielerorts zu beobachten:

- An einem kalten, sonnenlosen Wintertag haben alle im Freien befindlichen Materialien nach einiger Zeit dieselbe Temperatur.
- Berühren Sie den Metallpfosten eines Verkehrsschildes, fühlen Sie eine entsetzliche Kälte.
- Fassen Sie nun den Holzpfosten eines Gartenzaunes an, kommt Ihnen dieser nicht so kalt vor.

Warum? Das Metall leitet sofort die Wärme aus Ihrer Hand ab und macht sie kühl, das Holz besitzt diese starke Leitfähigkeit nicht, die Hand behält

längere Zeit die Körpertemperatur und vermittelt unserem Gehirn einen nicht so starken Kältereiz.
Wir kennen auch die schrecklichen Meldungen, daß

- Kinder mit der Zunge am Laternenpfahl festgefroren sind.
- Warnen Sie Ihre Kinder! Naturgesetze sind lebenswichtig, man muß sie kennen!
- Vorsicht auch mit Tiefkühltruhen: An Metallbehältern für Eiswürfel kann die Hand anfrieren.

Kälteverletzungen sind seltener geworden, seit Plastikbehälter verwendet werden. Plastik leitet fast keine Wärme. Vorsorgliche Konstrukteure haben deshalb die Türgriffe an den Straßenbahnen mit Kunststoff beschichtet, damit die Fahrgäste an Frosttagen nicht anfrieren.
Wird Ihnen im Café eine lauwarme Tasse Kaffee serviert, die schon längere Zeit auf dem Tablett herumgetragen wurde, dann seien Sie ausnahmsweise für den unansehnlichen Plastiklöffel dankbar. Er ist nur zum Rühren geeignet und läßt dem Kaffee das bißchen Restwärme.

Wärmespeicher

Wie verschiedene Materialien die Wärme unterschiedlich leiten, so unterschiedlich ist auch ihre Speicherfähigkeit. Ein eiserner Ofen kühlt nach dem Erlöschen des Feuers sehr schnell ab, ein Kachelofen speichert dagegen die Wärme lange. Es gibt sogar Steine, die soviel Wärme speichern können, daß man auf ihnen bei entsprechender Vorheizung Essen zubereiten kann. Einige Restaurants haben daraus eine Kundenattraktion gemacht.

Die richtige Trinktemperatur

Sie hängt natürlich von dem individuellen Geschmack und vom Getränk ab. Als Faustregel gilt: Sekt sollte kühler als Kaffee sein!
Zur Sache: Wie erwärmen wir ein Getränk? Mit einem Kaffeewärmer? O nein! Selbst nach zehn Stunden unter dem von Tante Agathe so kunstvoll gestrickten oder mit modernsten Isoliermitteln ausgestopften Kaffeewärmer ist die Temperatur des Getränkes noch um kein Grad gestiegen, weil ein Kaffeewärmer eben kein Wärmer, sondern höchstens ein Warmhalter ist.
Doch unsere Küchentechnik gibt uns vom Expreßkocher bis zum Mikrowellenherd genug Mittel in die Hand, um ein Getränk schnell zu erhitzen. Schwieriger ist der umgekehrte Vorgang. Wie nun, wenn das Getränk zu heiß geworden ist? Wir Frauen handeln intuitiv. Ohne uns Gedanken um Wärmeaustausch zu machen, wissen wir:

✦ Ein Löffel mit großer Fläche und langem Stiel leitet die Wärme schnell ab, noch besser wirkt ein Silberlöffel (die Wärmeleitfähigkeit von Silber ist doppelt so hoch wie die von Aluminium).

Abkühlung erreichen wir auch durch „Kaltzusätze“. Ein ordentlicher Schuß Rum macht den heißesten Tee trinkbar, natürlich auch die Milch den Kaffee, das leuchtet ein, aber warum sind ein paar Stücke Würfelzucker noch wirkungsvoller? Weil im Zucker die Moleküle zunächst im festen Verband sind. Damit der Zucker aufgelöst werden kann, müssen die Moleküle sich bewegen und benötigen dazu Energie, die sie der Umgebung, also dem Kaffee, entziehen.
Aber bitte, lassen Sie sich deshalb nicht zum größeren Zuckerverbrauch hinreißen, man kann ja abwarten, die Umgebungsluft kühlt ebenfalls, und um dies zu beschleunigen, kann man blasen oder tüchtig rühren, weil das die wärmeabgebende Oberfläche des Kaffees vergrößert.

Dazu ein Rat: Entweder benutzen Sie sehr, sehr große Untertassen oder servieren den Kaffee lieber in Trinktemperatur. Eine wild rührende Kaffee-Gesellschaft ist für jede Hausfrau ein Alptraum, oder haben Sie noch nicht gezittert, wenn ein lebhaft redender Gast genauso lebhaft in der Kaffeetasse rührte, ohne zu bemerken, daß die Wellen des Kaffees immer hart am Tassenrand langstrichen oder sich schon auf die Tischdecke ausdehnten?

Beliebt zur Kühlung sind Eiswürfel. Man kann darin z.B. die Sektflasche servieren. Das wirkt nicht nur optisch kühl, sondern entzieht dem Sekt mehr Wärme als Wasser von null Grad, weil das Eis zum Schmelzen zusätzlich Energie benötigt.
Besonders wirkungsvoll sind die einem Getränk direkt zugesetzten Eiswürfel. Barmixer lernen sogar, wie schnell man den Shaker schütteln muß, damit der Blue Diamant optimal kühl wird, ohne zu verwässern. Nun sind das keine Patentrezepte. Wer hat schon einen Kühlraum mit den jeweils erforderlichen Temperaturen? Der Gefrierschrank ist für empfindliche Getränke viel zu kalt und meist ohnehin überfüllt. Auch mein ererbtes Rezept, ein zu kühlendes Gericht in viel kaltes Wasser zu stellen, ließ ich fallen, nachdem mir eine herrliche Fruchtkaltschale in der Badewanne gekentert war.

Ich kenne also keine vollkommene Schnellkühlungsmöglichkeit. Wie wäre es, meine Herren von der Technik, mit einer entsprechenden Erfindung? Praktisch, schnell und billig?

Warum die Fensterscheibe beschlägt

In alten Bauernhäusern ist häufig in den Fensterbrettern eine Wasserrille, in der Mitte ein Loch, darunter ein Auffangbehälter für das an den Fensterscheiben herunterlaufende Kondenswasser. In Neubauten sind diese unschönen, aber praktischen Einrichtungen nicht mehr notwendig: Doppelverglasungen verringern den Wärmeübergang. Kondenswasser tritt nur noch an sehr kalten Wintertagen auf.
Die isolierende Wirkung von Doppelverglasungen beruht auf der eingeschweißten, extrem trockenen Luft, die wenig leitet. Falsch ist die weitverbreitete Behauptung, daß der Raum zwischen den Scheiben luftleer sei. Das wäre zwar von der Wärmeleitung optimal (ein Vakuum leitet nicht), aber die Scheiben würden von dem äußeren Luftdruck zerdrückt.
Warum beschlägt auch eine Isolierglasscheibe, wenn wir sie anhauchen? Weil unsere Atemluft ca. 37 Grad warm ist, die Scheibe in der Regel kühler. Die im Atem enthaltene Feuchtigkeit kondensiert deshalb auf der kühleren Oberfläche. Souverän wie wir sind, haben wir uns dies schon längst nutzbar gemacht, um kleine Flecke auf dem Spiegel wegzuwischen, ohne erst einen nassen Lappen holen zu müssen. Wurden allerdings in Spiegelnähe Zähne geputzt, reicht in der Regel unser Atem-Kondenswasser nicht aus, um die zahlreichen Spritzer der Zahncreme zu entfernen.

Der Mensch, ein Wärmestrahler?

Was bei der Party zu bedenken ist

Es heißt, daß Menschen 60 Watt abstrahlen. Bei Erhöhung der Körpertemperatur durch Tanzen oder durch „Arbeit“ beim Verzehren eines opulenten Mahls müßte diese Strahlung noch größer sein. Für eine Gastgeberin ist das nicht unwichtig. Was ist da bei einer Party hinsichtlich der Raumtemperatur zu bedenken?
Anzahl der Personen à 60 Watt oder mehr, Wärmeabgabe durch Kerzen, Lampen, Fondue, heiße Gerichte, „wärmende“ Getränke, „feurige“ Soßen, „aufheizende“ Musik, Raucher usw.

Zweckmäßig ist es, die Regulierung der Temperatur einem Gast zu überlassen. Als Hausfrau ist man durch die Aufregung, durch das Stehen vor dem rotglühenden Grill, kein objektiver Temperaturmesser mehr.

Wo ist die Kerzenflamme am kühlsten?

Eine physikalisch durchaus berechtigte Frage. Und die gescheiten Herren wissen auch die Antwort: In der Mitte der Flamme am Dochtende! Weil der Luftsauerstoff schon im Außenbereich der Kerzenflamme verbrennt, herrscht unmittelbar am Docht Sauerstoffmangel, also eine geringere Verbrennung. Vielleicht daher der ungeheure Mut des starken Geschlechts, Kerzenflammen mit dem angefeuchteten Daumen und Zeigefinger auszudrücken? Übrigens ist dies die sinnvollste „Kerzenauslöschung“. Das Ersticken der Flamme mit einem Hütchen verursacht Rußspuren auf der Kerzenoberfläche, während das Ausblasen die gute Stube in eine Räucherkammer verwandelt, wobei ein sehr kraftvolles Ausblasen zusätzlich noch die Tischdecke mit Wachsspritzern verziert.

Wo ist die Kerzenflamme am wärmsten?

Dort, wo sie am hellsten, fast weiß leuchtet. Viel wichtiger ist aber oft – jedenfalls dann, wenn Sie eine Weihnachtspyramide besitzen – wo der Wärmestrom am stärksten ist, wo also ein Strömungs-Hoch herrscht. Bei

zu langen Kerzen liegt es offensichtlich oberhalb der Flügel, sie werden nicht angetrieben, sondern schwarz und schwärzer.
Sind die Kerzen zu kurz oder brennen sie nicht gut, reicht der Luftstrom ebenfalls nicht aus. Die Pyramide bleibt stehen, und es entbrennt in der Familie ein heißer Kampf, wem das größte Geschick im Gangbarmachen einer Weihnachtspyramide zu eigen ist.
Nach meiner Erfahrung haben die Kerzen dann die richtige Länge und der beste Wirkungsgrad wird erreicht, wenn die Tourenzahl so groß ist, daß der heilige Josef beinahe von der Drehplatte geschleudert wird.

Kann man auf glühenden Kohlen gehen?

Haben Sie seinerzeit Alfred Bioleks Sendung mit den „Feuerläufern" gesehen? Es galt, barfuß über 700 Grad heiße Kohlen zu gehen. Die Kandidaten wurden auf diese Feuerprobe durch Mentaltrainer vorbereitet. War das überhaupt nötig?
Wenn Frauen heiße Schüsseln tragen, die jeder Mann sofort fallen lassen würde, ist das Abhärtung. Wenn man aber bei jedem Schritt nur Bruchteile von Sekunden mit heißer Glut in Berührung kommt, dann hat das nichts mit Zähnezusammenbeißen zu tun, sondern einfach damit, daß der Hitzereiz gar nicht so schnell von den Nervenenden registriert werden kann und daß auch die Hitze eine gewisse Zeit braucht, um von der Glut in die Haut überzugehen und diese zu verbrennen. Bei ganz kurzer Berührungszeit kann also nichts passieren. Trotzdem sollte vor Nachahmung gewarnt werden. Das Spiel mit dem Feuer ist immer gefährlich!

Wärme verändert einen Körper

Keine Frage, daß diese physikalische Aussage auch für den Alltag stimmt. Treten wir blaugefroren und zitternd in eine warme Wohnung, verändert sich unser Körper schon nach kurzer Zeit, er wird entspannt und wohlig warm.
Wärme vollbringt Wunder. Was sind schon Tee oder Kaffeepulver und kaltes Wasser? Nichts! Aber was für ein Genuß, wenn das Wasser durch Wärme zum Kochen gebracht und ein belebender Kaffee oder Tee daraus wurde. Für uns Hausfrauen ist Wärme ein guter Partner. Mit Wärme schaffen wir aus einem Stück Fleisch einen herrlich knusprigen Braten, aus vielen im Rohzustand fast ungenießbaren Lebensmitteln schmack-

hafte Gerichte, und man denke nur, was für wunderbare Kuchen wir aus Mehl und einigen anderen Zutaten backen können.
Die Physik sieht natürlich die Wärmewirkung auf Körper etwas anders: Durch Wärme können sich die Aggregatzustände (fest, flüssig, gasförmig) verändern.
Beispiel: Durch Wärme wird aus Eis Wasser, fügt man noch mehr Wärme zu, verdampft das Wasser und wird gasförmig.

Ausdehnung

Fast alle festen Körper vergrößern ihr Volumen durch Wärmezuführung, sie dehnen sich aus. Vielleicht erwidern Sie nun, daß aber Schnitzel und Rinderbraten durch Hitze immer kleiner werden? Leider ist das so. Aber das liegt daran, daß das im Fleisch enthaltene Wasser verdampft. Je nach Qualität kann der Wassergehalt sehr hoch sein und dann bleiben nicht nur kleinere, sondern meist auch trockenere Fleischportionen zurück.
Das Aufgehen unseres Hefekuchens oder Germknödels ist weniger ein physikalischer als ein biochemischer Vorgang.
Für Techniker ist z.B. die Ausdehnung von Eisenbahnschienen wichtig. Würde die Ausdehnung nicht berücksichtigt, hätten die Schienen je nach Temperatur Wölbungen oder Lücken, und das Reisen wäre eine holprige Angelegenheit.
Noch unangenehmer könnten die Folgen der Längenänderung sein, wenn z.B. die Brücke im Winter nicht mehr von einer Flußseite bis zur anderen reichen würde. Doch keine Sorge, die Veränderung ist eingeplant, und man läßt der Brücke ihren „Spielraum".
Auch wenn wir weder Brücken noch Hochhäuser bauen, werden wir mit der Wärmeausdehnung konfrontiert. Leider, möchte man manchmal sagen!

✦ Spülen wir ein Kristallglas unter heißem Wasser, so bewirkt der Wasserstrahl an der Stelle des Auftreffens eine plötzliche Ausdehnung, das übrige Glas ist noch kalt, es kommt zur Spannung im Glas, und es springt.

Denselben ungewollten Effekt haben wir, wenn wir in ein Glas heiße Flüssigkeiten gießen. Die Wärmeleitfähigkeit von Glas ist gering. Bis sich das ganze Glas erwärmt hat, haben die Spannungen es schon zerrissen. Bekanntlich gibt es da Unterschiede:

- ✦ Dünne Teegläser oder dünne Babyflaschen sind reißfester;
- ✦ ein wertvolles Weinglas mit dickem Fuß ist es nicht.

Die Gefahr des Platzens besteht sogar dann, wenn wir ein sehr heißes Glasgefäß auf eine kalte Metallplatte stellen. Die Metallplatte mit ihrer hohen Leitfähigkeit entzieht dem Boden des Gefäßes sehr schnell die Wärme. Der Boden zieht sich schneller zusammen als das übrige Gefäß – Spannungen und ... Schade, wenn sich nun auch der mühsam zubereitete Auflauf in alle Richtungen ausdehnen kann!
Alles hat zwei Seiten. Natürlich ist manchmal auch die Ausdehnung nützlich. Wir besitzen eine Sorte Gläser, die sich regelmäßig verkeilen, wenn man sie ineinanderstellt. Mit Gewalt geht dann gar nichts. Ratlos hielt ich sie in der Hand, als mein lieber Mann die zusammengewachsenen Gläser nahm und sie so in heißes Wasser hielt, daß sich nur das äußere Glas erwärmen konnte; es dehnte sich aus und konnte mühelos von dem inneren (noch kalten) Glas getrennt werden. Mit überlegener Miene reichte mir mein Mann die beiden unversehrten Gläser und meinte nur: „Das ist Physik!"

Dieser Trick hilft oft auch bei Marmeladengläsern mit Metalldeckeln (bei Plastikdeckeln funktioniert es nicht):

- ✦ Erwärmt man den Deckel mit heißem Wasser, dehnt er sich aus und kann mit leichter Hand abgeschraubt werden.

Entscheidend ist nur, den richtigen Moment abzupassen, an dem sich der Deckel ausreichend ausgedehnt hat, aber das Glas noch nicht.

Aber auch Ausnahmen gibt es, also Körper, die sich bei Wärme zusammenziehen, z.B. Kautschuk. Und wer schon mal versehentlich Tesafilm oder Perlon gebügelt hat, denkt mit Abscheu an die Schrumpfung, das Gegenteil der Ausdehnung.
Hin und wieder hat es auch Kleidung an sich, immer enger zu werden, allerdings eher nach festlichen Tagen und ohne besondere Wärmeeinwirkung.

Ausdehnung bei Flüssigkeiten

Bei Flüssigkeiten vergrößert sich das Volumen bei Erwärmung noch mehr als bei festen Körpern. Das wird niemand bezweifeln, der schon mal einen Topf überkochende Milch gesehen hat.
Aber alles hat sein Gutes, und nur weil es Flüssigkeiten gibt, die sich bei Wärme gleichmäßig ausdehnen, konnte man die herkömmlichen Thermometer herstellen.
Vorhin habe ich die physikalische Praxis meines Mannes so lobend erwähnt. Kürzlich passierte ihm etwas, was unsere Familie mit einem Hauch von Schadenfreude erfüllte. Bei einem Thermometer war der „Faden abgerissen“ und sollte sich durch Erwärmen wieder verbinden. Um das Platzen des Glasröhrchens zu verhindern, erwärmte mein Mann das Thermometer vorsichtig mit einem Fön. Aber es platzte trotzdem! Warum? Mein Mann hatte nicht bedacht, daß sich die Flüssigkeit so schnell und so stark ausdehnen würde, daß sie in dem engen, sich viel weniger ausdehnenden Glasröhrchen nicht genug Platz hatte und es sprengte. Es sah lustig aus, wie sich die roten Tröpfchen über den Tisch ergossen, nur mein Mann schaute gar nicht lustig. Sie wissen ja, wenn Experten einen Fehler machen …
Im Haushalt ist der umgekehrte Vorgang häufiger, daß sich Flüssigkeiten beim Abkühlen wieder zusammenziehen. Bei einer Flasche, bis zum Überlaufen mit kochendem Saft gefüllt, ist trotzdem nach dem Abkühlen am oberen Flaschenhals ein leerer Raum.

Wasser liebt das Individuelle

Anomalie des Wassers

Ob Wasser in der Schule nicht aufgepaßt hat, als der Natur die Regeln über die Ausdehnung beigebracht wurden? Jedenfalls richtet es sich nur teilweise danach.

✦ Wasser hat seine größte Dichte, also das geringste Volumen, bei +4 Grad, darüber dehnt es sich wie andere Flüssigkeiten aus, aber es dehnt sich auch bei Temperaturen unter +4 Grad noch aus und vergrößert sein Volumen beim Gefrieren um 9 %.

Für unsere Goldfische im Gartenteich ist diese Eigenschaft geradezu lebenswichtig, weil im Winter immer das „schwere" 4 Grad warme Wasser nach unten sinkt, wo es vom Frost nicht erreicht wird, weshalb Gewässer mit ausreichender Tiefe nicht bis auf den Grund gefrieren. Deshalb können Fische einen harten Winter ohne Frostschäden im tiefen Wasser überleben.
Zur Ausdehnung von Wasser gehört natürlich das Beispiel der bei Frost zerplatzten Flasche.

✦ Läßt man eine mit Wasser gefüllte Bodenvase im Winter im Freien stehen, darf man im Frühjahr die Scherben zusammenkehren.
✦ Hat man die Gartenwasserleitung nicht vor dem ersten Frost entleert, platzen die Rohre, eine Installateurrechnung wird fällig.

Auch die für die Erdformation so wichtige Verwitterung beruht auf dem eigensinnigen Verhalten des Wassers, sich beim Erstarren auszudehnen. Das Gestein zieht sich ja bei Frost zusammen, das Wasser in den Ritzen und Spalten aber dehnt sich aus und bringt die Steine zum Platzen, Jahr für Jahr wiederholt sich dies. In den zunächst kleinen Spalten siedeln sich später Pflanzen an und helfen mit ihren Wurzeln und Rückständen dem Wasser, aus Felsen Sand und Erde zu machen. Ein eindrucksvolles Beispiel für die Verwitterung ist die Sahara, in der die Gebirge durch die täglichen Temperaturschwankungen (große Hitze am Tage, Kälte in der Nacht) relativ rasch zu Sand werden.
Eine uns Hausfrauen sehr ärgernde „Verwitterung" findet im Gefrierschrank statt.

✦ Schöne, pralle Erdbeeren legen wir hinein, beim Gefrieren durchlaufen sie jedoch die kritische Temperatur, das Wasser in den winzigen

Zellen dehnt sich aus, sprengt die Zellwände, und beim späteren Auftauen läuft der Saft heraus, die lappig gewordenen Früchte schwimmen traurig darin herum.

Auch Gase dehnen sich aus

✦ Bei Gasen ist die Ausdehnung am größten, bei entsprechender Erwärmung sogar bis zum Doppelten des Volumens.

Dadurch werden erwärmte Gase immer leichter und haben einen großen Auftrieb. Darauf beruht die Flugfähigkeit der Heißluftballons. Im Deutschen Museum in München wird in einem Diarama ein Feuer symbolhaft dargestellt und anschließend „startet" bei Knopfdruck ein Modell des ersten Heißluftballons der Brüder Montgolfier. Heißluftballons leiteten die Ära des Fliegens ein.
Natürlich können sich Gase nur ausdehnen, wenn sie Platz haben. Die Luft im Fahrradreifen also nur solange, wie das Gummi nachgibt.

✦ Lassen wir ein Fahrrad mit vollaufgepumpten Reifen einige Stunden in sehr starker Sonne stehen, dehnt sich die Luft immer mehr aus und kann schließlich den Reifen zum Platzen bringen.

Besonders groß ist diese Gefahr beim Schlauchboot. Haben Sie das Boot von Ihrem Sohn kräftig aufblasen lassen und treiben nun um die Mittagszeit auf dem See, könnte es leicht einen Knall geben, der Sie aus Ihren Südseeträumen reißt und Sie anschließend das kalte Wasser europäischer Seen spüren läßt. Also:

✦ Bei starker Sonne rechtzeitig die Ventile ein wenig öffnen.

Schmelzen und Erstarren

Diese Begriffe sind für uns Hausfrauen Alltag. Wer hat nicht schon schmelzendes Eis vom Balkontisch gewischt oder erstarrtes Fett aus dem Backofen gekratzt?
Auch ohne Tabellen wissen wir längst, daß Butter schneller schmilzt als Blockschokolade und daß gezuckerter Saft tiefere Temperaturen zum Gefrieren braucht als Wasser.

✦ Bei den meisten Stoffen sind der Schmelz- und Gefrierpunkt identisch (Wasser 0 Grad).

Nur einige Metalle ändern ihren Aggregatzustand in einem Temperaturintervall. Aber Metall schmelzen, das ist nicht das Metier von Hausfrauen. Die Schmelztemperatur eines Platinarmbandes werden wir nicht testen wollen, erstens ist es zu schade, und zweitens ist unsere Küche nicht für die dafür notwendigen 1800 Grad ausgerüstet. Die einzige Metallgießerei, die am Silvesterabend Familie und Freunde vereint, ist dagegen kein Problem. Die Bleilegierung der Glücksfiguren schmilzt auf der Kerzenflamme und erstarrt im kalten Wasser sofort, wobei aus den ursprünglichen Glückssymbolen vom Schwein bis zum Geldstück bizarre Gebilde werden. Geschmolzenes nimmt also beim Erstarren nicht wieder seine frühere Form an. Auf sehr einfache Weise läßt sich dadurch kontrollieren, ob der Gefrierschrank durchgehend in Betrieb war:

✦ Man legt einen unverpackten Eiswürfel hinein. Ist daraus z.B. nach dem Urlaub ein Eishäufchen von merkwürdiger Gestalt geworden, dann muß eine Störung, vielleicht ein Stromausfall, vorgelegen haben, und es ist anzuraten, alle Lebensmittel zu prüfen und umgehend zu verbrauchen.

Wie kann man Schmelz-/Erstarrungspunkte verändern?

Durch Zusätze!

- ✦ Soll die Kuchenglasur schneller fest werden (und noch glänzen), fügen wir einen Löffel Kokosfett zu.
- ✦ Soll das Wasser in der Scheibenwaschanlage des Autos nicht so schnell gefrieren, geben wir Spiritus bei
- ✦ oder dem Kühlsystem ein Frostschutzmittel, z.B. Äthylenglykol (halb Wasser, halb Äthylenglykol), das bewirkt eine Verschiebung des Gefrierpunktes auf −40 Grad.
- ✦ Auch Salz setzt den Gefrierpunkt herab.

Nordseewasser gefriert erst bei −1,7 Grad und das noch salzhaltigere Wasser des Roten Meeres erst bei ? – völlig unwichtig –, bis es in Äquatornähe gefriert, müßte sich noch einiges auf der Erde ändern. Nicht ändern wird sich wohl das Salzstreuen auf unseren Straßen, weil es neben den Gründen dagegen auch viele für eisfreie Straßen gibt.

- ✦ Ab minus 8 Grad ist allerdings auch Salz wirkungslos.

Verdampfen

Wenn das Wasser Tango tanzt

Fest – flüssig – gasförmig, das sind die drei Aggregatzustände. Im Haushalt haben wir sogar noch mehr davon, z.B. unterscheiden wir in „festes“ (verklebtes) Salz und körniges, in feste, streichfähige und flüssige Butter. Leider findet auch in unserer Küche hin und wieder eine Umwandlung vom flüssigen in den gasförmigen Zustand statt.

- ✦ Das Wasser in unserem Kochtopf sieht aus wie eine Einheit, ganz glatt, aber es besteht aus unendlich vielen Molekülen.
- ✦ Fügen wir dem Wasser Wärme zu (Herdplatte, Expreßkocher), werden die Moleküle energiereicher, setzen diese neue Tatkraft in Bewegung um und pendeln aufgeregt hin und her.

Wie ein überfüllter Tanzsaal wirkt das Wasser kurz vor dem Sieden. Verständlich, daß die Moleküle mehr Platz möchten, doch zunächst werden sie durch Luftdruck und Oberflächenspannung eingeengt. Auch wenn wir die einzelnen Moleküle nicht erkennen können, scheint es, als mach-

ten sie alle kurz unterhalb der Oberfläche eine ruckartige Bewegung, ja es sieht so aus, als ob das ganze Wasser Tango tanzen würde. Bei weiterer Energiezufuhr schaffen immer mehr Paare aus Wasser-/Sauerstoff den Absprung aus dem Verband und schweben in einer Dampfwolke über dem Topf. Fast könnte man auf die temperamentvollen Wassermoleküle neidisch sein. Auf uns Menschen wirkt doch zuviel Wärme eher ermüdend als anregend.
Setzt man das Verdampfen so lange fort, bis der Topf leer ist, kann man anschließend bequem Fenster putzen und alle Schränke dazu, stark angefeuchtet sind sie schon.

Nachdem ich mal wieder genau in dem Augenblick zu den draußen spielenden Kindern sausen mußte, als ich den Tauchsieder eingesteckt hatte und zurückgekehrt unter dem glühheißen Tauchsiedertopf eine häßliche, schwarzbraune Vertiefung im Küchentisch vorfand, besorgte mein Mann ohne lange Diskussion einen sicheren Expreßkocher. So weit, so gut, dieser Kocher hat einen Schutzschalter, der den Strom abschaltet, wenn sich der Boden mangels Wasser überhitzt.
Vergeßlichkeit ist trotzdem nicht angebracht. Die Erfahrung lehrte mich:

✦ Ein Liter ausgeschüttetes Wasser ist schon schlimm, ein Liter verdampftes Wasser ist eine Küchen-Katastrophe.

Natürlich kann das Verdampfen auch nützlich sein, z.B. wenn wir Pflaumenmus einkochen, Hühnerbrühe konzentrieren oder mit dem Dampfbügeleisen knochentrockene Hemden glatt bügeln.

Siedepunkt

Ein Thermometer im kochenden Wasser zeigt 100 Grad, die Siedetemperatur des Wassers. Der Siedepunkt ist stoffabhängig, bei Alkohol z.B. 78 Grad. Der kräftige Schuß Rum im Gugelhupf verdampft früher als die übrige Feuchtigkeit und treibt den Kuchen hoch.

Öl dagegen hat einen Siedepunkt von über 300 Grad. Nur darum können wir Fleisch in Öl oder anderen Fetten mit hohem Siedepunkt knusprig anbraten, während das Wasser sofort verdampfen und das wertvolle Fleisch verbrennen würde. Butter indes hat eine niedrigere Siedetemperatur und eignet sich nicht zum Anbraten, sondern nur zum Verfeinern der Bratensoße.

Entflammbarkeit

Inferno in Öl

Ahnt man beim Anblick des in der Pfanne so gutartig wirkenden Öles, wie leicht es auch ohne Streichhölzer oder Funken in Flammen aufgehen kann? Gibt man dem erhitzten Öl Fleisch zu, das die Wärme entzieht und schaltet den Herd niedriger, ist alles in Ordnung. Wenn aber nicht? Das Thema „brennendes Öl“ kann einen Kaffeeklatsch so anregen, daß allen tapferen Feuerwehrmännern die Ohren klingen. Doch ein Spaß ist es nicht mehr,

- wenn sich ein überhitzter Öltopf in ein flammenloderndes Ungetüm verwandelt, sondern eine ernste Gefahr, die noch größer wird, wenn man Wasser hinzugießt, das sich explosionsartig auf das 1700fache Volumen vergrößert!

Ein Feuerwehrobermeister schilderte mir die Folgen so dramatisch, daß ich hoffe, auch in der größten Panik nicht zum Wassereimer zu greifen. Das einzig Richtige – so erfuhr ich:

- **Sofort einen passenden Deckel auf die Pfanne, damit das Feuer erstickt.**
- Den richtigen Deckel grundsätzlich griffbereit neben den Bratentopf legen!

Bei diesem Gespräch mußte ich dann auch zur Kenntnis nehmen:

- Ein Christbaum mit echten Kerzen, das ist ein Himmelfahrtskommando.

Allenfalls am Heiligen Abend sei das zu vertreten, aber niemals, wenn der Baum schon trocken ist.
Was tun, wenn nun aber doch ... Kerzen sind so schön ... und die Stimmung ...

✦ Alle Türen zu (damit die Sauerstoffzufuhr unterbunden wird) und die Feuerwehr anrufen!

Selber löschen? Dann müßte neben dem Baum ein funktionsbereiter 6-kg-Feuerlöscher stehen, mit dem man auch umgehen kann!
Nicht gerade beruhigend das ganze, und außerdem sind die Ölpfanne und der Weihnachtsbaum nicht die einzigen Gefahren. Im Haushalt wimmelt es geradezu von möglichen Brandursachen. Da sind die Heißgeräte (Bügeleisen, Tauchsieder, Heizofen), der festliche Kerzenschmuck unter der Hängelampe, die vergessene Zigarette oder ein implodierender Fernseher, der in regelmäßigen Abständen für eine Zeitungsnotiz sorgt. Was tun, wenn die Flammen lodern? Natürlich die Feuerwehr rufen. Dank deren hervorragender Organisation und technischer Ausrüstung sind Großbrände im Privatbereich selten geworden. Aber was kann man tun, um den Schaden so klein wie möglich zu halten? Das wollte ich von den Feuerwehrleuten wissen. In diesem Punkt sind die hilfsbereiten Männer recht zögernd. Und das ist verständlich, so verschieden wie die Brandursachen ist auch die Bekämpfung, und ein falsch angewandter Ratschlag kann vielleicht das Gegenteil bewirken.

Allgemein ist richtig:

- ✦ Sofort die Feuerwehr benachrichtigen, den Schaden schildern und – ganz wichtig – die genaue Adresse angeben!
  Am besten, jemand beauftragen, die Feuerwehr auf der Straße einzuweisen (Hinterhof, fehlende Zufahrtsmöglichkeiten).

Feuerwehrmänner berichten, daß oft in der Aufregung vergessen wird, den Brandort anzugeben oder ob noch Menschen in der Wohnung sind. Auch flüchten manchmal die Bewohner, ohne einen Schlüssel mitzunehmen, so daß eine einbruchsichere Eichentür nochmals kostbare Minuten verschlingt.

Was kann man vor dem Eintreffen der Feuerwehr tun?

- ✦ Brennbare Gegenstände aus der Nähe des Feuers entfernen.
- ✦ Zugluft vermeiden, um das Feuer nicht anzufachen.
- ✦ Kleinere Brandherde abdecken, um dem Feuer Sauerstoff zu entziehen. Pulverlöscher nach Anweisung benutzen oder Wasser gießen (nicht in elektrische Anlagen!).
- ✦ Ist ein Schlauch vorhanden, nicht spritzen, sondern auf Sprühstellung einstellen, dadurch wird dem Brand besonders viel Wärme entzogen.

Speziell bei einem **Fernseher** beachten:

Überhitzungsbrände kommen häufig vor, wenn die Geräte in Schränken ohne genügende Luftzirkulation eingebaut sind.

Wichtig:

- ✦ Stecker ziehen! Wenn er nicht zugänglich ist, Sicherung für den entsprechenden Stromkreis abschalten oder ausdrehen.
- ✦ Wasser nicht direkt in den Fernseher gießen, da eine Restspannung zu einem Stromschlag führen könnte.
- ✦ Im Brandfall sich niemals vor den heilen Bildschirm stellen. Wegen des Unterdrucks in der Bildröhre würde zwar beim Platzen der Bildschirm nach innen gedrückt, gleichzeitig würden aber die Splitter der Rückseite der Bildröhre durch die nun offene Vorderseite nach vorn fliegen, so daß die Wirkung des Implodierens wie bei einer Explosion wäre.

Das beste Mittel ist natürlich, **Brände zu vermeiden.**

✦ Die folgenschwersten Unfälle im häuslichen Bereich geschehen alljährlich bei **Grillfesten**, wenn unachtsam Spiritus in die glimmende Holzkohle gegossen wird.
✦ Besonders sind davon Kinder betroffen, weil ihre Haare und das Gesicht in Flammenhöhe sind und das Feuer über den Spiritus-Strahl besonders leicht auf sie übergeht.

Man könnte die Liste – leider – lange fortsetzen. Ich habe übrigens beim Schreiben dieses Kapitels beschlossen, einen Feuerlöscher anzuschaffen, die Familie entsprechend anzuweisen und die Sicherungen übersichtlicher zu beschriften.

Verdunstung

Wo bleibt das Parfüm?

Der Weihnachtsbaum schafft eine wunderbare Überleitung, denn auch wenn er austrocknet, ist Wasser in die Luft übergegangen, ohne vorher zu sieden – es ist verdunstet.

✦ Verdunstung ist der Übergang vom flüssigen in den gasförmigen Zustand unterhalb des Siedepunktes.

Aus Erfahrung ist bekannt, daß die Verdunstung von der Umgebungstemperatur abhängt. Wäsche im kalten Trockenraum hängt „ewig“, im sonnigen Garten ist sie nach kurzer Zeit schrankfertig, und benutzen wir einen Wäschetrockner, reicht die Zeit gerade für ein Kaffeepäuschen. Und selbstverständlich bemühen wir uns, beim Aufhängen der Wäsche große Verdunstungs-Oberflächen zu schaffen. Welche Hausfrau würde ein Laken als Knäuel zum Trocknen in die Sonne legen? Schon ärgerlich genug, daß Taschen oder der Hosenbund längere Zeit brauchen, obwohl sie nicht nasser als das übrige Kleidungsstück waren.

✦ Die Teller in der Spülmaschine trocknen nur, weil das Geschirr vorher sehr heiß gespült wurde und deshalb die Wasserreste auf den Tellern verdunsten.

Die zum Verdunsten nötige Wärme wird der Umgebung entzogen. Reiben wir uns mit Franzbranntwein ein, spüren wir auf der Haut die Verdunstungskälte. In der Nähe trocknender Wäsche, des Rasensprengers oder eines Wasserfalles ist es stets kühler. Wenn wir an heißen Sommertagen

die Terrasse absprengen, wirkt es vorübergehend frischer. Allerdings steigt die Luftfeuchtigkeit, und feuchtwarme Luft ist weit unangenehmer als trockene Warmluft.
Bekommt Ihr schöner alter Sekretär plötzlich Risse, liegt das ebenfalls an der Verdunstung.

✦ Je wärmer Ihre Wohnung, um so mehr Wasser (das ist im Holz enthalten) verdunstet, das Holz reißt.

Verdunstung ist auch die Voraussetzung für den Regen. Die Luftfeuchtigkeit, die Wolkenbildung, der Nebel, alles beruht darauf, daß von der Erde, besonders aber von den großen Meeren, ständig Wasser verdunstet.
Der Verdunstung von Schweiß auf dem menschlichen Körper verdankt eine ganze Industrie der Sprays, Deoroller und Schweißpuder ihre Existenz.

✦ Je höher die Umgebungstemperatur (Wüste, Sauna), um so mehr Flüssigkeit gibt der Körper ab, um durch die Verdunstungskälte seine Temperatur (ca. 37 Grad) konstant zu halten.

Ohne die Verdunstung würden wir bei 100 Grad in der Sauna gekocht. Nach starkem Schwitzen zeigt der Körper durch großen Durst an, daß sein Flüssigkeitshaushalt reguliert werden muß. Der Getränkebedarf bei Hitze ist jedenfalls erstaunlich.
Außer von der Umgebungstemperatur ist der Verdunstungspunkt (wie auch der Siedepunkt) vom Material abhängig.

✦ Alkohol mit einem niedrigeren Siedepunkt als Wasser verdunstet auch schneller als Wasser.

Befeuchten wir unser Haar mit normalem Wasser, trocknet es wesentlich langsamer, als wenn wir Haarwasser (alkoholhaltig) benutzt haben. Wird allerdings das teure französische Parfüm trotz sorgfältig geschlossenem Deckel schnell weniger, sollte man sicherheitshalber in den Kinderzimmern schnuppern. Die lieben Kleinen haben eine Vorliebe für Wohlgerüche.

Sublimation

Sogar feste Stoffe können gasförmig werden, ohne vorher flüssig gewesen zu sein, sie **sublimieren.** Bekanntes Beispiel: die Verdunstung von Schnee. In langen Wintern trocknet der Schnee förmlich weg, ohne vorher zu tauen.
Ein Beispiel für Sublimation können auch Gerüche, z.B. von bestimmten Käsesorten, sein. Ohne sich zu verflüssigen, verdunsten sie und geben damit auch Geruchspartikel an die Umgebung ab.

2. Mechanik – alles bewegt sich

Mechanik – bitte denken Sie dabei nicht gleich an den Auto- oder Fernsehmechaniker und hohe Reparaturkosten. Mechanik – das heißt Bewegung, und Bewegung heißt leben. Wir tanzen, wandern, fahren, sind umgeben von Licht und Schall in Wellen, von Wärme- und elektrischen Strömen. Und beim Kochen bewegen sich Quirl und Moleküle.

Wann bewegt sich etwas? Wenn **Kräfte** wirken.
Was ist die Ursache der Kräfte? **Energie**.

Der Reihe nach:
Der Engländer Sir **Isaac Newton** (er wurde 1705 geadelt) entdeckte das Gravitationsgesetz, erklärte Ebbe und Flut, erfand zum Graus vieler Schüler die Differential- und Integralrechnung und stellte die Bewegungsgesetze – präziser Axiome – der Mechanik auf:

1. Ein Körper beharrt in Ruhe oder im Zustand der geradlinig gleichförmigen Bewegung, wenn keine Kräfte auf ihn einwirken (Beharrungsvermögen eines Körpers).
2. Ursachen für Änderungen des Bewegungszustandes eines Körpers sind Kräfte.
3. Jede Kraft besitzt eine Gegenkraft oder Reaktionskraft. Beide sind gleich groß und einander entgegengesetzt gerichtet.

Sir Isaac Newton im Auto

Newtons Beharrungssatz ist nicht nur Theorie, sondern auch in der Praxis ausgesprochen spürbar.
Situation: „öffentliches" Verkehrsmittel, überfüllt, Stehplatz, plötzliches Bremsen, unser Körper ist jedoch stur und „beharrt" auf seiner Vorwärtsbewegung. Wir kommen dadurch in eine Schräglage, die bei extremem Bremsen leicht zur äußerst unangenehmen Waagerechten werden kann!

In unserem Auto ist nicht viel Platz zwischen uns und der die Vorwärtsbewegung hemmenden Scheibe. Nur Sicherheitsgurte bewahren unser edles Haupt bei plötzlichem Halt vor einer Gehirnerschütterung oder Schlimmerem. Während wir uns fast selbstverständlich angurten, legen wir zwar selten den Hut, dafür aber häufig schwere Gegenstände unbefestigt auf die „Hutablage".
Es klingt grotesk, aber schon mancher Nothilfekasten hat statt zu helfen bei einem Bremsmanöver einen akuten Notfall überhaupt erst verursacht, und ein geschoßartig durch das Auto fliegender Sicherheitshelm bringt keine Sicherheit, sondern Gefahr und zwar große, weil seine Flugbahn genau in Höhe der Halsschlagader verläuft. Ebenso unheilbringend sind Regenschirme, Bücher, Spielsachen oder der Picknickkorb.
Unfaßbar, daß Eltern ihr Baby liebevoll auf den Rücksitz betten und anschließend auf der Ablage Dinge stapeln, die schon bei dem geringsten Unfall den zarten Kinderkopf verletzen können.

Was hat es mit den Kräften auf sich?

Es gab eine Zeit, da las ich unserem Jüngsten Karl May vor. Old Shatterhand, ja der hatte Kräfte! An einem einzigen Feind konnte er sämtliche Kraftwirkungen demonstrieren, als da sind:

- ✦ Eine Kraft kann einen Körper verformen!
- ✦ Eine Kraft kann den Bewegungszustand eines Körpers ändern!
- ✦ Die Wirkung der Kraft ist abhängig von ihrer Richtung und ihrem Angriffspunkt!

Wilder Westen – kein freundliches Beispiel, aber anschaulicher als die kleinen Klötzchen mit Rädern, an denen in der Schule die Kraftwirkungen gezeigt werden. Zart besaitet ist auch die Schulphysik nicht. So mußte meine Tochter berechnen, mit wieviel km/h ein Auto gegen eine Betonmauer rasen muß, damit es ein Grad wärmer wird. Wie schauerlich der Gedanke an ein womöglich in Brand geratenes Auto.

Einheit der Kraft: 1 Newton = 1 N = 1 kg m/s^2.

Jeder Fachmann kennt das **Newton**, doch ein Laie kann sich unter dieser Anhäufung von Einheiten nichts vorstellen. Aber genau diese **Meter, Sekunden, Kilogramm** sind die weltweiten Basiseinheiten, deren Exaktheit geradezu verblüffend ist.

Das **Ur-Meter** wird im Internationalen Büro für Maße und Gewichte in Sèvres bei Paris aufbewahrt.
Auf der 11. Generalkonferenz für Maße und Gewichte (1960) wurde die Länge neu festgesetzt:

- ✦ **1 Meter** ist das 1650763,73fache der Vakuumwellenlänge der orangefarbenen Spektrallinie des Kryptonisotops ^{86}Kr, die beim Übergang vom Zustand 5d_s zum Zustand 2 p_{10} ausgesandt wird.

Nun besitzen wir weder eine Kopie des Urmeters noch ein Kryptonisotop, dafür aber unser Maßband, ein bißchen ausgeleiert, aber so „ungefähr" stimmt es allemal. Wäre unser Haushalt eine Firma, müßten wir natürlich unbedingt „dienstlich" nach Paris, um unser Maßband nach dem Ur-Meter zu eichen, und die Reisekosten von der Steuer absetzen. Doch leider, dies Privileg ist uns Hausfrauen versagt.

Eine Sekunde ist dann um, wenn man laut „Einundzwanzig" sagt. Irrtum! meint die Physik:

✦ **1 Sekunde** ist das 9192631770fache der Periodendauer einer Strahlung, die dem Übergang zwischen den beiden Hyperfeinstrukturen des Grundzustandes von Cäsium-133-Atomen entspricht.

Das klingt schon wirklich kompliziert. Doch Atomuhren erzeugen tatsächlich nach dieser Beschreibung die oft alles entscheidenden Sekunden, und wir dürfen unsere bewährte Küchenuhr gelegentlich nach der offiziellen Atomuhr stellen, auch wenn wir eher mit Minuten als mit Bruchteilen von Sekunden rechnen.

Zum Glück ist das **Kilogramm** noch ganz konventionell:

✦ ein Normkörper aus Platin-Iridium, gelagert im Pavillon de Breteuil in Paris, mit der trägen Masse **1 Kilogramm.**

Von den vielen Kräften: Bewegungs-, Reibungs-, Feder-, Spann- und sonstigen Kräften, scheint mir die Gewichtskraft am interessantesten.

Gewichtskraft

Sie wird auch Schwer-, Anziehungs- oder Gravitationskraft genannt. Wir pflegen unser Gewicht in Kilogramm zu messen. Das ist falsch. Kilogramm ist die Einheit für die **Masse**, also die Menge eines Materials, und diese ist immer und überall gleich. Eine Ananas der Masse 1 kg behält diese auch auf dem Mond, vorausgesetzt, den Astronauten überkommt nicht der Heißhunger und er schneidet ein Stück weg. Nicht gleich ist aber das **Gewicht**, weil es von der Anziehungskraft eines Himmelskörpers abhängt.

Die Anziehungskraft der Erde ist z.B. sechsmal so groß wie die des Mondes. Ein Mensch mit der Masse 60 kg hat ein Gewicht von rund 600 N, auf dem Mond dagegen nur von 100 N. Deshalb konnten die Sitze des Mondautos so leicht gebaut werden. Auf der Erde würden sie unter dem Gewicht der Astronauten zusammenbrechen. Ein leichtes wäre es für unseren Ehemann, uns auf dem Mond auf Händen zu tragen. Auch weniger Gläser würden dort zu Bruch gehen, weil sie wegen der geringeren Anziehung „sanfter" fallen.

Wenn wir die Gewichtskraft nicht beachten, bekommen wir das schnell zu spüren. Alles, was wir nicht festhalten, fällt nach unten, auch wenn es die wertvolle chinesische Vase sein sollte oder der Hammer, der fast immer auf dem großen Zeh landet. Trotzdem sollten wir froh sein, daß alles in Richtung Erde fällt. Wie schrecklich, wenn Puddingpulver und Zucker schwerelos in der Küche kreisen würden, statt ins Töpfchen zu rieseln, und wir die Baguettekrümel nicht nur vom Boden, sondern auch von der Gardinenstange oder dem Lampenschirm einsammeln müßten.
Die Erdanziehung beschleunigt einen fallenden Körper mit 9,8 m/s^2. Auch beim Sturz aus dem fast fertig geputzten Fenster wird man schnell und schneller. Aus 5 m Höhe (1. Stock) erreicht man den Boden schon nach 1 s und hat dann eine Geschwindigkeit von ca. 36 km/h!

Der Hebel – ein Kraftverstärker

Kraft mal Kraftarm = Last mal Lastarm, das hatte man, wie die gewaltigen Pyramiden beweisen, schon im Altertum erkannt. Für Archimedes war es sogar vorstellbar, mit einem langen Hebel, von einem festen Punkt des Himmels aus, die Erde aus den Angeln zu heben.
Was Physiker Balkenschaukel nennen, heißt bei Vätern und Müttern schlicht Wippe. Ohne über Kraftverstärker nachzudenken, wird das kleinere Kind – das Leichtgewicht – möglichst weit nach hinten gesetzt (langer Hebel), das schwerere Kind auf der anderen Seite mehr zur Mitte, und schon stimmt das Gleichgewicht. Dank des längeren Hebels kann also das leichtere Kind das schwerere heben – Physik auf dem Spielplatz!
Sehr praktische Hebel sind unsere Arme, die wir durch Werkzeugstiele noch verlängern und dadurch jenseits des Drehpunktes, also am Lastarm, noch kraftvoller machen. Auch Brechstange, Schraubenzieher, Brotmesser mit langem Griff und Schere erleichtern uns als kraftverstärkende Hebel den Alltag, und mit dem Nußknacker schaffen wir, was unseren Händen unmöglich wäre, die härtesten Nüsse nicht nur zu knacken, sondern manchmal sogar in ein Gemisch aus Nußbrei und kleinsten Schalenpartikeln zu verwandeln.
Bei einer Küchenwaage ohne Hebelarm müßten wir für ein 5-kg-Paket auch ein 5-kg-Gewicht verwenden.

Hebel – auch unerfreuliche – rings um uns: Der Alptraum jeder Mutter, die eingeklemmte Hand des Kindes an der Scharnierseite einer Tür. Oder der Kofferdeckel, wenn partout noch die Wanderschuhe in den Koffer mußten und die Scharniere reißen. Ähnliches passiert bei den herunterklappbaren Schreibplatten, die oft nur zum künstlerischen Anordnen von Schreibutensilien konzipiert sind. Schreibt man aber wirklich und stützt womöglich noch gedankenschwer den Kopf auf, dann kracht es ganz bedenklich.

Benutzen wir unseren Arm, nicht um Kraft auszuüben, sondern als Lastarm, kehrt sich das Gesetz um. Auch das winzige Baby wird auf dem ausgestreckten Arm zu einer gewaltigen Last, und schnell pressen wir es nah an uns (aus Zuneigung *und* wegen der Physik!).

Schwerpunkt

Der schon erwähnten Gewichtskraft verdanken wir, daß wir auf der Erde gehen, stehen, fahren können, bei einem Luftsprung auch wieder unten landen und daß wir „standfest" sind. Stehen wir aufrecht, so wirkt diese Schwerkraft senkrecht zu unserem Massenmittelpunkt, der sich je nach Umfang (!) irgendwo im Körperinnern – in der Nähe des Bauchnabels – befindet. Bezüglich des menschlichen Körpers von Masse zu reden, finde ich zwar nicht sehr nett, aber es ist nun mal so. Und wenn wir unsere „Massen" zu weit vornüber neigen, so glauben wir zu kippen und stellen instinktiv einen Fuß vor, wir vergrößern die Standfläche. Ist diese genügend groß und kompakt, kann der Schwerpunkt nicht über die Standfläche kippen, und es herrscht ein stabiles Gleichgewicht (Betonfuß des Sonnenschirms, Stehaufmännchen für Kinder).

Unvergeßlich ist mir meine Erfahrung mit dem Schwerpunkt als Hausfrau-Anfängerin. Wir hatten Gäste, der noch wunderbar erhaltene Brautstrauß prangte in einer hohen Kristallvase auf dem festlich gedeckten Tisch. Sie ahnen, was passierte? Ein kleiner Stoß an den Tisch, und die

herrlichen Nelken wurden zum weit verstreuten Tafelschmuck, das etwas grünliche Blumenwasser ergoß sich über die Salatplatte und tropfte auch noch seitlich am Tisch herunter, was zu allgemeinem Tumult führte. Mein Mann, damals noch wenig mit der weiblichen Psyche vertraut, brachte mich vollends aus der Fassung, als er mich allen Ernstes fragte: „Hast du denn noch nie etwas vom Schwerpunkt gehört? Ein so weitausladender Strauß in einer so unmöglich hohen Vase, das kann doch gar nicht gehen."
Eine umgekippte Vase kann man mit Humor nehmen, auch wenn der schwerpunktmäßig völlig falsch konstruierte Kaffeefilter seinen Inhalt über den Küchentisch verbreitet, geht die Welt nicht unter, aber wenn es um die Sturzunfälle geht – **jeder zweite Unfall im Haushalt ist ein Sturzunfall** –, dann sollte man sehr ernsthaft über den Schwerpunkt nachdenken. Und nicht nur jetzt, wenn Sie dies lesen, sondern dann, wenn Sie „oben" etwas Eiliges zu tun haben.

- ✦ Steigen Sie nicht auf den nächstbesten Stuhl!
- ✦ Drehstühle, dreibeinige Hocker oder gar der Badewannenrand oder das Fensterbrett bedeuten Lebensgefahr! Ihr ganzer Gleichgewichtssinn lohnt nicht, wenn die Standfläche unsicher ist.
- ✦ Ein paar Holzbeine, eine dünne Sitzfläche, damit bilden Sie eine Einheit, und der Schwerpunkt dieser ganzen wackeligen Angelegenheit liegt sehr hoch. Eine kleine Neigung, um etwas abzuwischen oder zu erreichen (Sie wollten ja nicht als Denkmal auf dem Stuhl stehen) und ... ich wage nicht, die Folgen auszumalen.

Bedenken Sie auch, daß ein Stuhl zum Sitzen konstruiert ist, also für gleichmäßige Gewichtsverteilung. Wenn man aber mit ausgestrecktem Fuß auf der Stuhlkante steht, um den letzten Gardinenhaken einzuhängen, ja, dann kippt der Stuhl, auch wenn er noch so stabil gebaut ist.

Arbeit – oder doch nicht?

So wie man darüber streiten kann, ob es Arbeit oder nur Vergnügen ist, mit Kindern spazierenzugehen, so haben die Physik und die Umgangssprache eine unterschiedliche Definition des Begriffes Arbeit.
Der Physiker sagt: **Arbeit ist Kraft mal Weg**
oder: Arbeit ist das Produkt aus der an einen Körper angreifenden Kraft und dem Weg, den dieser Körper bei einer Bewegung entgegen dieser Kraft zurücklegt.

Die angreifende Kraft könnte unser Arm sein, der Körper eine gefüllte Einkaufstasche mit dem Wochenendbedarf. Heben wir die Tasche entgegen der Erdanziehung hoch, leisten wir Hubarbeit. Doch jetzt tragen wir die Tasche nach Hause oder zum Auto, Rücken und Arme tun uns weh. Schwere Arbeit? Nein, nur was wir entgegen einer Kraft bewegen, ist Arbeit. Wenn wir die Tasche waagerecht tragen, stehen Kraft (Erdanziehung) und Weg (Tragerichtung) senkrecht zueinander, die physikalische Arbeit ist gleich Null. Wollen wir also einen arbeitsreichen Tag, müßten wir ein paar Stunden Wäsche aufhängen (Hubarbeit bei jedem Stück) oder schwere Sachen in hohe Schränke räumen. Ob es, um arbeitsam zu sein, auch reicht, einen Hefeteig anzusetzen, der sich ja vorschriftsmäßig entgegen der Erdanziehung nach oben ausdehnt?

Hub-, Beschleunigungs-, Spann- und Verformungsarbeit finden wir im Physikbuch – über Hausarbeit, Aufräumen, Bücken, Waschbecken putzen keine Silbe. Um unser Selbstbewußtsein zu heben, müssen wir selbst überlegen, welche Arbeit wir verrichten.
Ist es Beschleunigungsarbeit, wenn wir hilfreich und mit mahnenden Worten den morgendlichen Aufbruch unserer Familie beschleunigen? Ist das Ausrollen von Mürbteig oder das Bettenmachen Verformungsarbeit? Oder das Schuheputzen oder das Schieben des Kinderwagens auf einem Sandweg Reibungsarbeit?
Es gibt so viele Möglichkeiten für Arbeit im Haushalt, doch was finden wir im Physikbuch als Beispiel für Beschleunigungsarbeit? Den Eisstockschützen, der versucht, seinen beschleunigten Eisstock einem kleinen Klötzchen nahe zu bringen oder andere Eisstöcke wegzuschießen. Nach getaner Arbeit darf er den wohlverdienten Punsch trinken. Ist das nicht ungerecht? Das soll Arbeit sein und unser Staubsaugen nicht? Oder nur zum Bruchteil. Da muß ich ernsthaft fragen, warum gerade das Staubsaugen so anstrengend ist, warum mir dabei so unangenehm heiß wird? Aber statt uns zu ärgern, halten wir uns an das allgemeine Lexikon, wo wir unter Arbeit lesen können:

> „Zielbewußte Kraftbetätigung, besonders die auf die Schaffung von Werten gerichtete körperliche oder geistige Tätigkeit des Menschen."

Da fühlen wir uns doch sofort angesprochen: Zielbewußt arbeiten wir immer, um endlich mal fertig zu werden. Unbestritten dürfte sein, daß wir große „Werte" schaffen, wenn wir unsere Kinder zu liebenswerten Menschen erziehen.

Wer hat eigentlich die Arbeit erfunden?

Kein Japaner, kein Chinese, nein ein Engländer!
Allerdings ist zu berichtigen: **James Prescott Joule** (1818-1889) hat die Arbeit nicht erfunden, sondern seinen Namen für ihr Maß hergegeben:

> 1 **Joule** ist die Arbeit, um einen Körper von 1 kg Masse um 10,2 cm hochzuheben.

Stutzen Sie? Joule? Denken Sie an das klitzekleine Joghurt mit 450 kJ (Kilojoule)? Nun, natürlich ist damit nicht die Arbeit für das Auslöffeln des Joghurts gemeint, sondern der Brennwert, der im Joghurt steckt. Im Kapitel Energie finden Sie mehr darüber.

Leistung

Leistungssportler, Höchstleistungen – in unserer Leistungsgesellschaft haben diese Dinge einen hohen Stellenwert. Bei unseren Kindern zählt nicht die mühevolle Schularbeit eines ganzen Jahres, sondern das, was am Schuljahresende im Leistungsnachweis – sprich Zeugnis – steht. Und in der Physik?

> **Leistung** ist der Quotient aus der bei einem physikalischen Vorgang verrichteten Arbeit und der dazu benötigten Zeit.
>
> **Einheit:** 1 Joule/1 Sekunde = 1 Watt

Frappierend, daß auch die Leistung einer Hausfrau, wie die der Glühlampe, in Watt gemessen werden kann. Dauerleistung ca. 100 Watt, als Höchstleistung kann ein Mensch kurzzeitig ca. 2000 Watt erreichen.
Sogar die Leistung der Sprache läßt sich in Watt ausdrücken: Ein lauter Schreckensschrei sind ungefähr 0,2 Watt.
Autoliebhaber bleiben der seit 1977 unzulässigen Bezeichnung Pferdestärken (PS) treu. 100 PS, das hört sich für sie besser an als 75 Kilowatt. So stark wie 100 Pferde, das ist doch was, oder?

Ohne Energie kein Leben

Wenn alles vergeht – die Energie bleibt

Kraft, Arbeit, Leistung, für alles braucht der Mensch Energie. Die Energie ist in der Nahrung enthalten, und diese kommt vom Bauernhof oder wird in Fabriken hergestellt. Ist es wirklich so einfach? Intensiveres Nachdenken zeigt, daß der Mensch in Sachen Energie nichts beizutragen hat. Er kann nur von Energiequellen leben. Große Worte wie Energie-*Erzeugung* oder -*Herstellung* sind schlichtweg falsch. Unsere treueste Energiequelle ist die Sonne. Das energiereiche Sonnenlicht wird von Pflanzen aufgenommen und durch Photosynthese in nutzbare Energie umgewandelt. In jeder Haferflocke, jedem Reiskorn, jeder Kartoffel steckt Sonnenenergie. Auch die Nährstoffe, die die Pflanze zusätzlich braucht, sind größtenteils durch verrottete Pflanzen und damit ebenfalls durch Sonnenenergie entstanden. Und – was am häufigsten übersehen wird – auch jedes Schnitzel, jedes Ei, jedes Joghurt entsteht durch Sonnenenergie, eben nur auf dem Umweg über Pflanze und Tier.

- ✦ Der Mensch kann Energie nicht produzieren, sondern nur die von der Natur in der Nahrung bereitgestellte Energie nutzen:
- ✦ für sein Betriebssystem (Verdauung, Atmung, Blutkreislauf usw.),
- ✦ um seinen Körper auf 37 Grad zu „heizen“,
- ✦ um Arbeit zu vollbringen.

Sogar die fossilen Energien verdanken wir der Sonne; pro Sekunde strahlt sie $3{,}8 \cdot 10^{23}$ kW ab. Seit Urzeiten haben Pflanzen und Lebewesen diese Energie aufgenommen, gespeichert und irgendwann in ihr Grab unter Eismassen, Moore, Überschwemmungsmeere oder aufwallende Gebirge mitgenommen und wurden unter Sauerstoffabschluß, Druck und sonstigen Einflüssen zu Kohle, Erdgas oder Erdöl.
Es sind nicht unbedingt Jahrtausende notwendig, um die Sonnen-Pflanzen-Energie als Wärme oder Kraftstoff zu nutzen. Neben dem einfachen Beispiel Holz gibt es noch interessantere: Aus Zuckerrohr gewonnener Rum kann beispielsweise den Körper wärmen, aber auch magisches Licht und Feuer spenden, wenn wir flambieren, und außerdem als Treibstoff dienen, wie andere aus Pflanzen erzeugte Alkohole. Energie in vielen Variationen!

Ein bißchen „eigene" Energie hat auch die Erde zu bieten, die aus einem Energieball von ungeheurer Hitze entstanden ist. Im zarten Alter von 10^{-43} Sekunden, also unmittelbar nach dem „Urknall", betrug die Temperatur 10^{32} Kelvin. Bei der Abkühlung ist die Energie „eingefroren", Materie entstand. In jedem Sandkörnchen, in jedem Atom ist Energie gespeichert und kann nach Einsteins Jahrhundertformel von der Gleichwertigkeit (Äquivalenz) von Energie und Masse freigesetzt werden.

$$E = m \cdot c^2$$

E = Energie m = Masse c = Lichtgeschwindigkeit
(1 g Masse ist äquivalent einer Energie von $9 \cdot 10^{13}$ J
bzw. 25 000 000 kWh)

Beispiel Kernenergie: Bei der Spaltung eines Urankerns haben die entstehenden neuen Elemente zusammengenommen weniger Masse als der ursprüngliche schwere Kern. Diese Massen-Differenz wird nach Einsteins Formel als Energie frei.
Umgekehrt können Atomkerne verschmelzen. Eine Fusion von Wasserstoffkernen zu Helium findet laufend auf der Sonne statt. Der Heliumkern hat ebenfalls weniger Masse als die Wasserstoffkerne, diese „verlorene" Masse wird zu Energie.

Schade, daß es kein Beispiel in unserem Umfeld gibt. Zerbricht eine Tasse, ergeben die Scherben selten die ursprüngliche Form – es fehlen verstreute Splitter, aber die Atommassen haben sich nicht verändert.
Auch beim „Verschmelzen" von Eiern zu Rührei tut sich atomkernmäßig

nichts, es verwandelt sich keine Masse multipliziert mit dem Quadrat der Lichtgeschwindigkeit in Energie.

Wie Kinder stets weiterfragen „Warum?", müßten auch wir fragen: Wie ist die Energie in das Erdinnere gekommen, wie in das Uran? Woher kam der Energieball? Eine Theorie lautet, aus einem anderen explodierten Sonnensystem. Und woher kam dieses „andere" Sonnensystem, wie ist die Ur-Ur-Ur-Energie entstanden? Vielleicht sollten wir uns an Goethe halten:

> „Das schönste Glück des denkenden Menschen ist, das Erforschliche erforscht zu haben und das Unerforschliche ruhig zu verehren."

Diese Betrachtungen werden Sie kaum in einem Schulbuch finden. Dafür Ausführungen über die physikalischen Energieformen, den Zusammenhang zwischen Energie und Arbeit und den fundamentalen Grundsatz:

> **Energie kann nur umgewandelt werden und geht in einem geschlossenen System nicht verloren.**

Klassisches Beispiel ist der Koffer, den wir auf die Ablage stemmen. Die dabei geleistete Hubarbeit wird als **potentielle oder Lageenergie** gespeichert. Doch wehe, der Zug macht einen Ruck, dann beginnt ein manchmal dramatischer Umwandlungsprozeß:

Aus der Lageenergie wird **Bewegungsenergie (auch kinetische Energie** genannt).
Durch die Beschleunigung kommt der Koffer mit erheblicher Geschwindigkeit und entsprechender Energie am Boden an, falls er nicht unglücklicherweise vorher auf einen Mitreisenden trifft, und aus der gebremsten Bewegungsenergie Verformungsarbeit wird, entweder am Koffer selbst, wenn der Schädel sehr hart ist – oder umgekehrt ... –, wobei dann der physikalische in einen medizinischen oder versicherungsrechtlichen Vorgang übergeht. Während des Falls und Aufpralls wird außerdem durch Reibungsarbeit noch Wärme frei.

Auch die in einem Geranientopf auf dem Balkongitter oder in den Schneemassen auf dem Berggipfel gespeicherte Lageenergie löst keine Freude aus, wenn sie zur Bewegungsenergie wird. Äußerst wertvoll ist dagegen die in hochgelegenen Seen gespeicherte potentielle Energie, die sich in den Generatoren der Wasserkraftwerke über die Bewegungs- zur elektrischen Energie verwandeln läßt.

Bei Ihren Tätigkeiten und in Ihrer Umgebung findet eine Fülle von Energieumwandlungen statt. Das Beispiel „kräftiges Frühstück" soll zum Beobachten anregen. Es ist bestechend, was man mit den aufgenommenen Kalorien alles tun kann: Die Körperfunktionen aufrechterhalten, mit der Körperwärme ein frierendes Kind wärmen, Arbeit leisten, die elektrische Energie des Lifts durch Treppensteigen ersetzen, sich mit dem Fahrrad schnell bewegen und sogar durch den Dynamo elektrisches Licht erzeugen. Ich habe mich schon oft gewundert, warum nicht auch an den standfesten Trimmrädern ein Dynamo angebracht ist, mit dem der eifrige Pedaltreter sein Umfeld beleuchten könnte.
Tun wir von all dem nichts, werden die Frühstückskalorien im Körper als Fettpölsterchen zur späteren Verwendung gespeichert wie das Heizöl für den Winter. Mehrere Wochen leben gutgenährte Menschen von ihren Reserven. Übrigens lassen sich Körperfette sogar direkt in Licht umwandeln, z.B. betreiben die Jäger der Eskimos mit Robbenspeck Lampen.

Die vielen Energieformen zeigt die **Maß-Einheit.**
Ursprünglich gab es als Maß für die Wärmemenge die **Kalorie** (cal), das ist genau die Wärmemenge, die man 1 g Wasser zufügen muß, um die Wassertemperatur von 14,5 Grad C auf 15,5 Grad C zu erhöhen. So weit, so gut, doch dann stellten noch klügere Physiker fest, daß auch Wärme Energie

ist, mit der man Arbeit leisten kann, so daß die Einheit der Arbeit, das Joule, auch für die Wärme gilt. Man muß nur „kurz umrechnen“:

1 Kilokalorie (kcal) = 4,1868 Kilojoule (kJ)

Warum die gute alte Kilokalorie noch nicht ausgestorben ist? Ich glaube, daran sind wir Frauen schuld. Kalorien waren das Maß des Brennwertes von Lebensmitteln. Wer sein Leben lang Kalorien zählte, mag nicht auf Joule umsteigen, zumal einem bei diesen mehr als viermal so hohen Zahlen fast der Appetit vergeht. Einfühlsame Hersteller geben auf Lebensmitteln meist beide Werte an.

Wollen Sie berechnen, wieviel Sie tun müssen, um ein Stück Sahnetorte abzuarbeiten, dann beachten Sie bitte, daß bei vielen Rezepten irreführend Kalorien angegeben werden, obwohl es sich um Kilokalorien handelt. Auf fabrikmäßig hergestellten Produkten ist die Angabe in der Regel korrekt (kcal und kJ).

In Joule läßt sich übrigens auch die Arbeit des elektrischen Stroms ausdrücken:

1 Joule = 1 Wattsekunde bzw.
1 Kilowattstunde = 3600 Kilojoule.

Im zweiten Teil des Energiesatzes heißt es: „Energie geht in einem geschlossenen System nicht verloren.“ Das klingt gut. Wird Energie nicht „verbraucht“, kann sie auch nicht knapp werden. Der Haken ist das „geschlossene System“, das sehr groß ist, weil wir nicht im isolierten Versuchsraum leben.
Spülen wir Geschirr in heißem Wasser, waschen wir Wäsche oder kochen Eier, entnehmen wir nur einen Teil der Wärme, der Rest geht in die Kanalisation und wärmt die Natur. Auch wenn unsere Herdplatte nach dem Kochen noch die Raumluft aufheizt, oder wenn die Heizwärme des Wohnzimmers nach außen entweicht, bleibt sie dem System Erde erhalten.
Bei anderen Energieumwandlungen geht es ähnlich zu. Das Auto setzt nur einen Teil der Energie des Benzins in Bewegung um, der große Rest wird Reibungsarbeit bzw. Wärme und heizt wunderbar die Atmosphäre, ohne Nutzen für uns. In weit größerem Maße findet dieser Vorgang bei Heizanlagen oder in Kraftwerken statt.

Mechanik der Flüssigkeiten und Gase

Alles fließt. (Heraklit)
Alles ist in Bewegung. (Plato)
Es ist unmöglich, zweimal in denselben Fluß zu steigen. (Heraklit)

Mechanik bedeutet **Bewegungen** und **Kräfte.**
Bewegungen? Das leuchtet ein, Flüssigkeiten sind ständig in Bewegung. Wir können sie nicht wie ein Buch ins Regal stellen, sie würden sich überallhin verbreiten, wären sie nicht in Behälter gezwängt.
Und Gase? Wir können zwar nicht sehen, daß sie in Bewegung sind, um uns herumgeistern, aber vorstellen können wir uns das. Man denke nur an die Wohlgerüche, die beim Backen aus unserem Sonntagskuchen entweichen. Würden sie sich nicht fortbewegen, wie sonst wären sie schon an der Haustür so verlockend zu bemerken?

Wie steht's nun mit den **Kräften** von Flüssigkeiten und Gasen? Wir wollen nicht an Wasserkräfte durch Strömung oder Luftkräfte durch Sturm denken, sondern nur an die Kraft, die Wasser und Luft dadurch besitzen, daß sie da sind, ein Gewicht darstellen und Druck ausüben.

Wasserdruck

Warum es kein Rezept für Tiefseefische gibt

Füllen wir Wasser in eine Plastiktüte, ändert diese durch den Druck des Wassers sogleich ihre Form. Oft mühen Kinder sich ab, einen Damm aus Sand zu bauen, und dann genügt schon ein kleines Eimerchen Wasser, um das Bauwerk wegzuschwemmen. Wie unwahrscheinlich groß muß dann der Druck eines ganzen Ozeans sein, wie groß der Druck, wenn, wie im Marianengraben des Pazifiks, das Wasser 11000 Meter übereinander lastet. Bei jedem Meter in die Tiefe nimmt der Wasserdruck zu.
Taucher, die tief hinunter wollen, brauchen stabile Anzüge, um nicht vom Wasser erdrückt zu werden. Andererseits leben in 400 Meter Tiefe noch Fische, sogar sehr feingliedrige, ohne jegliche Ausrüstung. Wie ist das möglich? Die Natur ist flexibel. Durch Rückbildung der Schwimmblase und Erhöhung des Innendrucks haben sich die Fische an den Wasser-

druck angepaßt. Vergeblich werden wir allerdings im Kochbuch nach einem Rezept für Tiefseefische suchen. Gerät wirklich mal ein Tiefseeaal ins Netz, kommt er nicht heil nach oben. Schon in den oberen Wasserschichten mit geringerem Druck wird er von innen zerrissen.

Luftdruck

Wir leben in einem Luftmeer

Ein Vergleich, der fasziniert:
Viele Tiere und Pflanzen leben in einem „Wasser-"Meer, wir Menschen dagegen auf dem Grund eines Luftmeeres, dessen Bedingungen wir angepaßt sind, unser Innendruck ist dem Außendruck angeglichen. Ändert sich der äußere Druck plötzlich, z.B. bei Wetterumschwüngen, reagieren wir mit Kreislaufstörungen oder Schmerzen. Fahren wir auf einen Berg, bekommen wir Ohrensausen.
Warum wird der Luftdruck in der Höhe geringer? Die Druckabnahme ist der vom Wasser vergleichbar. Am Boden, also wenn die gesamte Luftschicht auf uns lastet, ist der Druck riesengroß. Je mehr wir uns dem äußeren Ende der Luftschicht (Atmosphäre) nähern, desto weniger Luft lastet über uns, desto geringer wird der Druck.
Aber nicht nur der Druck auf Tiere und Menschen vermindert sich, auch der Druck, den die Luft auf sich selbst ausübt, wird mit zunehmender Höhe geringer. Dadurch wird die gasförmige Luft kaum noch zusammengepreßt und immer dünner, d.h. sie enthält pro Liter viel weniger Sauerstoff. Wir müssen mehr Luft einatmen, damit der Sauerstoffbedarf gedeckt ist.
Um den Mount Everest ohne Sauerstoffgerät zu besteigen, muß man schon ein Reinhold Messner sein, „gewöhnliche" Menschen würden nach Luft schnappen wie der Fisch an der Angel.
In 10000 Meter Höhe (normale Flughöhe) würden uns ohne Druckausgleich in der Kabine die Trommelfelle und Blutgefäße platzen. Bei Störungen der Druckgeräte muß der Flugkapitän sofort in den Sinkflug gehen, aus der Flugzeugdecke fallen automatisch Sauerstoffmasken heraus.
Was durch den Luftdruckunterschied beim Fliegen in der Höhe passieren kann, nutzen Krimi-Regisseure gerne als Nervenkitzel. Wenn nämlich in der Flugzeugwand ein Loch ist (Schießerei) und die vorher im Flugzeug „eingesperrte" Luft schlagartig nach draußen strömt, entsteht ein so starker Sog, daß Tür und Passagiere (hoffentlich nur die Gangster) hinausgezogen werden.
Die Luftdrucksituation in 10 km Höhe scheint vielen Reisenden gar nicht bewußt zu sein. Wie Stewardessen berichten, werden sie öfter gebeten, mal kurz ein Fenster zu öffnen.

Ein aus der Tiefe des Luftmeeres kommender Mensch hat in den fast drucklosen Regionen des Weltraums keine Überlebenschance. Er würde mit seinem gegenüber dem Vakuum viel zu hohen Innendruck platzen wie ein zu voll aufgeblasener Luftballon. Davor bewahrt ihn nur der Raumanzug mit Druckausgleich. Während Tauchanzüge vor dem Erdrücken schützen, bewahren Raumanzüge den Spaziergänger im All vor dem Bersten.

Wie spüren wir den Luftdruck?

Wir haben ja das Gefühl, um uns sei nichts. Wir können die Luft nicht sehen (bei Nebel ist es nur das kondensierte Wasser), und wir können sie nicht riechen (wenn, dann sind es in der Luft verteilte Stoffe, aber nicht die Luft selbst).

Als ich unseren Kindern erklären wollte, daß Luft Materie, also etwas wirklich Vorhandenes sei, meinte Andreas lässig: „Weiß ich doch längst, wie sonst wäre der Fußball so stramm, wenn man ihn tüchtig aufpumpt.“ Eine akzeptable Erklärung. Doch wo könnten wir Luftdruck noch feststellen? Wir könnten zum Beispiel auf ein Barometer schauen. 1013 Millibar (760 mm Quecksilbersäule) beträgt der Luftdruck in Meereshöhe. Wie schon besprochen, nimmt er mit der Höhe ab. In München (500 m) beträgt der Normaldruck nur noch 945 Millibar. Bei jedem Umzug muß man sein Barometer neu eichen. Und seinen Körper? Den muß man auch anpassen, leider dauert das etwas länger, weil es für den kein kleines Schräubchen gibt.

Der soeben benutzte Ausdruck „Barometer“ ist, nebenbei bemerkt, falsch. Richtig wäre Pascalmeter, und alle Barometer müßten neu beschriftet werden, denn die vertrauten Millibar sind der internationalen Angleichung zum Opfer gefallen. Wenn es jetzt im amtlichen Wetterbericht heißt: 1020 Hektopascal, dann sollte man wissen, daß nur die Bezeichnung sich geändert hat, daß es aber nach wie vor Hochdruck (1020 Millibar) bedeutet.

Wir können einem Barometer den Luftdruck glauben oder nicht. Ein besserer Beweis wäre, den Luftdruck sichtbar zu machen und auch das geht:

> Füllen Sie ein Glas mit Wasser, legen eine Postkarte darauf, drücken diese mit der Hand fest, drehen das Glas um (vielleicht am Anfang nicht gerade über dem Schreibtisch mit wichtigen Akten) und ziehen die Hand weg. Man sollte erwarten, das Wasser würde die Karte wegdrücken und auslaufen, doch nein, die Postkarte ist ein sicherer Verschluß.

Warum? Weil sie durch die Luftsäule (unter ihr) fest gegen das Glas gepreßt wird. Dieser Luftdruck ist stärker als der Druck der geringen Wassermenge im Glas. Mit einem großen Gefäß funktioniert das natürlich nicht mehr.

Als Spielzeug in der Badewanne empfiehlt sich folgender Versuch:

> Sie stopfen ein trockenes Tuch in den Zahnbecher, tauchen diesen über Kopf unter Wasser und ziehen ihn wieder hoch: Das Tuch bleibt trocken.

Warum? Weil die beim schnellen Umdrehen im Becher gebliebene Luft das Wasser nicht hineingelassen hat. Solchen Luftblasen verdanken manchmal Bergleute bei Wassereinbruch in einen Stollen ihr Leben. Luftblasen lassen auch Flaschen auf dem Wasser schwimmen, und wollen wir sie zum Reinigen untertauchen, müssen wir sie so halten, daß aus der Öffnung die Luft entweichen und dem Spülwasser Platz machen kann. Ähnlich läßt sich erklären, daß eine Nuckelflasche ein zusätzliches Luftloch braucht und Milch oder Saft aus Dosen nur dann hinauslaufen können, wenn man zwei Löcher einsticht.
Wir Frauen als Naturtalente haben das alles längst erkannt, ohne Physik „gelernt“ zu haben. Aber ist es nicht interessant, sich Gedanken darüber zu machen, warum etwas so und nicht anders ablaufen *muß*?

Auch beim Einwecken hilft der Luftdruck. Durch Erhitzen entweichen Luft und Wasserdampf aus dem Glas, der Innendruck verringert sich, und der äußere Luftdruck preßt Deckel und Gummi (vorausgesetzt, beide sind unbeschädigt) fest auf das Glas mit den leckeren Früchten.

Stellen Sie sich vor, Armstrong hätte als Wegzehrung ein Glas eingeweckter Birnen mit auf die Reise genommen und diese im Weltraum außerhalb der Kabine aufbewahrt. Das Ziehen an der Gummilasche hätte er sich sparen können, ja, bis er richtig Appetit gehabt hätte, wären schon Birnen, Deckel und Gummi im luftleeren Raum verstreut, weil der Luftdruck auf den Deckel des Weckglases gefehlt hätte.

Wie stark Luftdruck sein kann, führte Otto von Guericke 1654 auf dem Reichstag zu Regensburg und 1657 in Magdeburg in einer eindrucksvollen Show vor. Er fügte zwei haargenau aufeinanderpassende Messing-Halbkugeln zusammen, pumpte aus dem Hohlraum die Luft heraus, so daß ein Vakuum entstand. Der Umgebungs-Luftdruck preßte die Hälften so stark zusammen, daß 12 an jeder Seite angespannte Pferde die Kugel nicht zu trennen vermochten. Ließ nun Guericke durch einen kleinen Hahn Luft in das Innere, fielen die Kugeln wie von Geisterhand auseinan-

der. Für die Zuschauer unvorstellbar. Diese berühmten Magdeburger Halbkugeln sind im Original im Deutschen Museum in München ausgestellt.
Zuvor hatte Guericke 1635 die Luftpumpe erfunden. Nichts Besonderes? O doch. Denn er war Bürgermeister von Magdeburg. Kann man sich die heutigen gestreßten Stadt-Oberhäupter, die von einer Sitzung zur anderen hetzen, mit der Opposition und Bürgerinitiativen kämpfen, als Erfinder vorstellen? Wie wäre es, meine Herren Bürgermeister von heute, mit einer ähnlich revolutionären Erfindung?

Was hat der Luftdruck mit dem Kochen zu tun?

Um das zu beantworten, versetzen wir uns in eine urige Berghütte auf dem Montblanc. Hier, nahe dem Vakuum des Weltraums, beträgt der Luftdruck nur noch 555 Millibar. Das kann energiesparend sein, denn unser Kaffeewasser muß nicht gegen einen so starken Druck von oben ankämpfen, es beginnt schon bei 84 Grad zu sieden. Wunderbar, aber was sagen die Frühstückseier dazu? Wer sie in dieser luftigen Höhe die üblichen 5 Minuten kocht und dann womöglich mit dem Messer köpft, der wird ein flüssiges, gelbes Wunder auf dem eichenen Holztisch erleben. Warum? Die Eier brauchen eine bestimmte Wärmemenge, um hart zu werden. Da das Wasser aber schon bei 84 Grad verdampft, wird dem Ei weniger Wärme zugeführt. Die geringere Siedetemperatur muß unbedingt durch längere Kochzeit ausgeglichen werden.
Den Luftdruck einkalkulieren muß theoretisch der genau rechnende Hotelmanager. Im Zugspitzhotel (fast 3000 m Höhe) kocht das Wasser schneller als in Hamburg, also müßte der Kaffee auf Deutschlands höchstem Berg wegen des geringeren Energiebedarfs billiger sein. Ist er das?

Der Dampftopf und der Luftdruck

Steigen wir vom Montblanc hinab in unsere Küche. Hier siedet das Wasser bei ungefähr 100 Grad. Mehr Wärme zuzufügen, würde nur mehr Wasserdampf bedeuten. Haben wir Kochgut, das viel Wärme zum Garwerden braucht, müssen wir es stundenlang kochen oder einen Dampftopf benutzen, bei dem ein Verschluß das Entweichen der sich beim Erwärmen ausdehnenden Luft verhindert.

- Dadurch entsteht im Innern ein Überdruck, der Siedepunkt steigt von 100 Grad auf z.B. 220 Grad.
- Dem Kochgut kann in kurzer Zeit mehr Wärme zugeführt werden, dadurch gart es schneller und schonender.
- Wir sparen Energie und erhalten Vitamine, Nährstoffe und den Geschmack.

So viele Vorteile! Es muß Trägheit sein, daß ich den Dampftopf nur für das betagte Suppenhuhn oder den greisen Rinderbraten benutze. Mein schlechtes Gewissen beruhige ich mit Paul Bocuse. Könnten Sie sich vorstellen, daß dieser berühmte Küchenmeister vor dem festverschlossenen Dampftopf steht, leicht über den chromblitzenden Deckel streicht und sein Markenzeichen, sein „*Voilà*" dem unsichtbaren, in der Finsternis des Dampftopfes garenden Gericht zuruft?

Warme Luft steigt nach oben

Grillfest im Winter?

Luft dehnt sich bei Erwärmung aus, ein Liter warme Luft wiegt weniger als ein Liter kalte Luft und „fliegt" nach oben. Was bedeutet das in der Praxis? Daß es im Zimmer (fußbodenbeheizte Wohnungen ausgenommen) oben am wärmsten ist. Wenn Sie sich trauen, dann raten Sie doch mal einem über kalte Füße klagenden Familienmitglied, sich auf den Kopf zu stellen. Der Kopf wäre in der unteren Luft schön kühl, was ja vorteilhaft sein soll, und die Füße könnten in der wärmeren Luft in ca. 1,70 Meter Höhe leise hin- und herpendeln.

Den Unterschied zwischen warmer und kalter Luft merken Sie, wenn Sie es mit einem Kachelofen zu tun haben. Sie zünden mit wunderbar trockenem Holz und Papier ein zunächst kleines Feuerchen an, doch der Ihnen entgegenschlagende Rauch bringt Sie zum Weinen. Ist das Feuer richtig in Gang gekommen, verschwindet der Rauch aus dem Zimmer, statt dessen schwebt ein lustiges Wölklein über dem Dach.
Warum das so ist?

Am Anfang Ihrer Bemühungen lagert im Kamin kalte und damit schwere Luft, die den Rauch in das Zimmer mit der etwas leichteren Luft drückt.

- Wird es nun nach eifrigem Blasen im Ofen wärmer als im Zimmer, dann zwängt wiederum die kühlere Zimmerluft den Rauch in den Ofen und durch den Kamin nach oben.
- Im Freien steigt also der Rauch dann besonders schnell nach oben, wenn es neben dem Feuer kalt ist.
- Will man seine Nachbarn nicht mit Rauch belästigen, sollte man das Grillfest an einem kühlen Winterabend veranstalten!

Kennen Sie die alte Wetterregel: „Wenn der Rauch sinkt, gibt es Regen"? Das ist gar nicht so „aus der Luft gegriffen" und läßt sich mit Luftdruckänderungen (Hoch, Tief) erklären. Wenn allerdings vor einem Gewitter die Schwalben so tief fliegen, dann werden nicht sie von der Luft nach unten gedrückt, sondern die leichtgewichtigen Mückenschwärme, die den Schwalben als Nahrung dienen. Physik und Biologie greifen ineinander über.

Kann der Teekessel hellsehen?

Die moderne Elektronik beschert uns viele akustische und optische Warner für den Fall, daß wir im Auto das Licht vergessen, der Gefrierschrank ausgefallen oder es mal wieder „mitten im tiefsten Schlaf" Zeit zum Aufstehen ist.
Wenn aber der Teekessel sein ohrenbetäubendes Lied anstimmt, so beruht das nicht auf elektronischen Raffinessen, sondern auf simpler Physik: Die Verschlußkappe auf dem Gießer hat einen Hohlraum mit zwei Öffnungen. Beginnt das Wasser zu kochen, nimmt die Molekularbewegung zu, es entsteht Dampf, der Dampf strömt immer schneller, vor den Öffnungen staut sich die Luft, es entstehen Luftwirbel und bringen das so „melodische" Pfeifen hervor.

Schnell strömende Luft, ausgestoßen aus der kräftigen Lunge eines Polizisten, bringt auch die amtliche Trillerpfeife in Aktion. Daß sie anders klingt als der Teekessel, liegt nicht an der Musikalität unserer Ordnungshüter, sondern an einer kleinen beweglichen Kugel, die, vom Luftstrom getragen, periodisch die Öffnung verschließt und öffnet und dadurch die Pfeife wie einen munteren Kanarienvogel tirilieren läßt. Aber da wir

Hausfrauen uns an Geschwindigkeitsbegrenzungen zu halten pflegen und auch keine Banken ausrauben, gelten glücklicherweise solche Trillerpfeifen nicht uns.

Ohne Luftdruck wäre der Regen ein Massenmörder

Diese kriminalistische Behauptung bedarf einer Erklärung:
Denken wir uns in 400 m Höhe eine regnende Wolke. Durch die Erdanziehung werden die Regentropfen auf ca. 320 km/h beschleunigt. Die sich dabei entwickelnde Bewegungsenergie würde selbst bei der geringen Masse eines Regentropfens genügen, um unseren Schädel zu durchbohren. Und da Regentropfen bekanntlich einen Herdentrieb haben und selten vereinzelt angeflogen kommen, wären wir schon alle durchsiebt, würde uns nicht der Luftdruck schützen. Die Luft setzt dem Regen Widerstand entgegen, durch Reibung verringert sich die Geschwindigkeit der Regentropfen so, daß sie uns nicht mehr gefährlich sind.

Das herrliche Gefühl des Badens

Auftrieb im Wasser

Kürzlich schickte ich unseren Jüngsten zum Händewaschen. Sinnend stand er – seine Hände betrachtend – vor dem Waschbecken und meinte dann: „Eigentlich hat's ja nur die eine nötig."
Sein Waschbedürfnis ist – typisch für kleine Jungen – nicht sehr ausgeprägt. Soll er aber baden, saust er begeistert los und steigt mit einem Spielzeug-Sortiment in die Wanne. Was das mit Physik zu tun hat? Es ist die Einleitung.
Baden Kinder nur wegen des Spielens gerne? Das kann nicht sein, auch Erwachsene, die nicht „Mann über Bord" spielen, legen sich behaglich ins wohlig warme Wasser. Und das so beliebte Wannen-Lesen könnte man auf dem Sofa bequemer und ohne Wasserflecken auf dem Buch haben. Der Grund für das wunderbare Badegefühl ist ein rein physikalischer, der Auftrieb.
Durch seine Schwerkraft (sein Gewicht) übt das Wasser Druck aus, und zwar gegen sich selbst und gegen andere Körper. Sind diese leichter, werden sie verdrängt, nach oben gedrückt. Der Druck des Wassers hebt uns

also, wir fühlen uns ein wenig getragen und kommen uns so wunderbar gewichtslos vor. Je leichter ein Körper, um so stärker wird er hochgetrieben. Fast unmöglich ist es, einen prallen Luftballon unter Wasser zu tauchen. Schwimmärmel, Gummiringe, sie alle schnellen förmlich an die Oberfläche zurück. Versuchen wir dasselbe mit einem Stückchen Plastik, so schwebt es höchstens im Wasser, ohne nach oben gedrückt zu werden. Warum wirkt die Auftriebskraft auf einen aufgeblasenen Plastikball so besonders stark? Weil er wenig wiegt, aber durch sein Volumen sehr viel Wasser verdrängt. Schon seit der Zeit vor Christus weiß man, daß die Auftriebskraft so groß ist wie die Gewichtskraft der verdrängten Flüssigkeit. Märchen hört man immer wieder gerne, vielleicht auch die überlieferte Geschichte von *Archimedes und der Königskrone*?
Es war einmal ein heißer Sommerabend auf Sizilien. In einem Vorort von Syrakus beschloß Archimedes, ein gebildeter Mann, der sogar in Alexandria studiert hatte, ein erfrischendes Bad zu nehmen. Als er in die vollgefüllte Wanne stieg, erhöhte sich der Wasserspiegel, ja das Wasser schwappte sogar über. Da die Gedanken großer Geister niemals ruhen, kam ihm eine Erleuchtung. Es mußte doch genausoviel Wasser verdrängt worden sein, wie sein Körper Platz in der Badewanne eingenommen hatte. So könnte man doch den Rauminhalt komplizierter Körper einschließlich kleiner Zehen, vorstehender Knochen usw. durch Messen des ausgelaufenen Wassers bestimmen. Sogleich fiel Archimedes das Problem von Hieron, dem König von Syrakus, ein. Dieser hatte einem Goldschmied

einen Klumpen Gold zur Anfertigung einer Krone übergeben. Die Krone war wunderschön und wog auch soviel wie der Goldklumpen, aber war sie wirklich aus reinem Gold oder hatte der Goldschmied ein bißchen gemixt? Auch gekrönte Häupter lassen sich nicht gern betrügen.
Also veranlaßte Archimedes den König zu folgendem Versuch: Krone und Gold mit dem gleichen Gewicht sollten in Gefäße mit Wasser getaucht und die ausfließende Wassermenge gemessen werden. Bei gleicher Menge ausgeflossenen Wassers sind auch die Rauminhalte beider Körper gleich. Würde aber bei der Krone mehr Wasser ausfließen, würde dies einen größeren Rauminhalt bei gleichem Gesamtgewicht bedeuten, ein sicheres Zeichen dafür, daß leichteres Material als Gold untergemischt worden ist.
Wie die Sache endete, darüber gibt es verschiedene Versionen. Aber Materialbestimmung durch das spezifische Gewicht ist aus unserer Wissenschaft und Technik nicht mehr wegzudenken, wie auch die anderen genialen Erfindungen von Archimedes nicht. Und wenn Archimedes auch längst gestorben ist, so lebt seine Entdeckung noch heute.
Wenn wir den Aufwand nicht scheuen, können wir ähnlich wie Archimedes, das spezifische Gewicht unseres Körpers bestimmen und ein eventuelles Übergewicht mit dem „schweren" Knochenbau entschuldigen.

Durch die Auftriebskraft können wir Früchte im Wasser leichter verlesen: Blätter, Nadeln und Käfer schwimmen oben, die schwereren Früchte bleiben am Boden …

Auch unsere anfangs kompakten Klöße werden, wenn sie schön aufgegangen und leichter geworden sind, nach oben getrieben. Der Auftriebskraft begegnen wir wieder und wieder, z.B. auch wenn wir eine Traumreise auf See machen und uns wundern, daß ein so großer Stahlkoloß nicht untergeht. Aber Kabinen, Rauchsalons, Speisesäle, Spielzimmer, Maschinenräume, verdrängen in ihrer Gesamtheit soviel Wasser, daß ein Schiff die Weltmeere durchkreuzen kann.

Auftriebskraft der Luft

Der Drachen an der Nordsee

Wir hatten den Druck von Wasser und Luft verglichen, das wollen wir analog mit dem Auftrieb tun. Da Luft auch einen Druck hat, müßte sie – wie das Wasser – leichtere Gegenstände verdrängen. Gibt es Leichteres als Luft? Ja, die Edelgase, und darum sind alle gut fliegenden „Luft-"ballons mit Gas gefüllt und müßten Gasballons heißen. Die nur mit dem Mund, also mit Luft, aufgeblasenen Ballons schweben nur deshalb, weil unsere Atemluft wärmer und damit leichter als die Umgebungsluft ist. Mit großen Mengen Gas (Helium oder Wasserstoff) sind die majestätisch am Himmel dahinziehenden Zeppeline gefüllt.

Aber was ist mit dem Drachen? Papier, Bindfaden, Stangen, alles ist schwerer als Luft, er müßte also in unserem „Luftmeer" versinken. Warum fliegt er trotzdem, jedenfalls manchmal? Das liegt an den Strömungskräften der Luft. Halten Sie mal versuchsweise ein großes Blatt Papier senkrecht nach unten und bewegen dann die Hand schnell seitwärts – das Papier richtet sich waagerecht, es schwebt, weil die strömende Luft das Papier nach oben drückt.
Diese Auftriebskraft ist um so größer, je stärker die Luft strömt. Darum ist die beste Flugzeit für Drachen die Zeit der Herbstwinde. Früher war Drachenbau der große Ehrgeiz von Vätern und Söhnen, die besten Tricks wurden sicherer als Staatsgeheimnisse gehütet. Nicht allein der Wind läßt den Drachen fliegen, da müssen auch die Seilkraft, das Gleichgewicht, der Schwerpunkt, das Gegengewicht des Drachens usw. stimmen. Bei unserem letzten Nordseeurlaub herrschte tagelang beständiger und kräftiger Wind, viel zu kalt zum Baden. So kamen wir auf die Idee, einen Drachen anzufertigen. Ein lustiger Kerl entstand, farblich künstlerisch nuanciert, mit fröhlichem Gesicht und langem Schweif.

Doch leider, leider, trotz geduldig angebrachter flugtechnischer Verbesserungen, trotz Beherzigung aller Ratschläge der Umstehenden, unser Meisterwerk stürzte immer wieder wie ein Meteor zu Boden und bohrte seine hübsch verzierte Spitze in den Sand. Das Ende des Versuchs? Das einschlägige Geschäft am Orte konnte den Umsatz eines Drachens „Made in Hongkong“ verbuchen.

Wie kommt das Flugzeug in die Luft?

Ich muß zugeben, es erscheint mir trotz aller physikalischen Erklärungen verblüffend, daß ein solcher Gigant in die Höhe gleiten kann, nicht nur leer, sondern beladen mit gewichtigen Geschäftsleuten, mit rundum erholten Urlaubern, mit Bergen von Koffern und Fracht. Nur durch den Auftrieb? Ein bißchen komplizierter ist es schon. Ein Flugzeug kann nicht, was der Vogel kann, nämlich die Flügel bewegen und damit gleiten *und* sich vorwärts bewegen, also fliegen. Beim Flugzeug muß es deshalb Tragflächen statt Flügel heißen. Um zu fliegen, braucht es starke Motoren für die zum Starten notwendige Geschwindigkeit und für die Vorwärtsbewegung in der Luft (Rückstoßprinzip). Interessant ist, daß durch die entsprechende Form des Flugzeugs die über das Flugzeug streichende Luft einen längeren Weg hat, sie strömt schneller, wodurch im Verhältnis zu der Luft unter dem Flugzeug ein Unterdruck entsteht. Das Flugzeug wird

dadurch nicht nur nach oben gehoben, sondern auch von oben angesogen. Diese Saugwirkung durch den Druckunterschied bewirkt $^2/_3$ der Flugfähigkeit.
Sich weiter in die Flugtechnik zu vertiefen, ist nicht notwendig, dafür haben wir ja Konstrukteure und die Flugkapitäne in ihren schmucken Uniformen.

Auftrieb in der Küche

Das Fett auf dem Küchenschrank

Ist es ein böser Geist, der die Oberflächen unserer Küchenschränke mit einer ekelhaften, klebrigen Schicht versieht? Wer kann es nur sein, der versucht, die Oberkanten von Türen und Fenstern in Fliegenfänger zu verwandeln? Nein, es ist kein Küchengespenst, das uns ärgern will, sondern reale Physik. Beim Kochen und besonders Braten entstehen Dämpfe, in denen Fett gelöst ist. Diese heißen Dämpfe steigen nach oben, kühlen ab, das Fett erstarrt, und das Ergebnis sieht man, wenn man mit einem

weißen Tuch wischt, man sieht es besonders an einem Abzug oder Dunstfilter. Wieviel einfacher wäre es, die fetthaltigen Dämpfe würden sich nur dort absetzen, wo man ohnehin täglich putzen muß, am Herd oder Spülbecken. Leider lassen die physikalischen Gesetze da nicht mit sich handeln.
Wichtig in der Küche ist noch ein ganz anderer Auftrieb, der sich kaum mit der Physik verbinden läßt. Gemeint ist die oft fehlende Lust zur Küchenarbeit, die fehlende Lust, sich zum 3000stenmal (diese Zahl wird schon nach wenigen Haushaltsjahren erreicht) ein Essen zu überlegen, das allen schmeckt. Man kann natürlich herleiten, daß der Auftrieb zum Kochen auch durch einen äußeren Druck entsteht, durch den der hungrigen Kinder. Aber sonst ist die Sache, wie man den nötigen Auftrieb bekommt, um unangenehme Dinge zu erledigen, mehr ein psychologisches denn ein physikalisches Problem.

Zusammenhangskräfte – Kohäsion

Der Limo-See auf dem Tisch

Halten Familienmitglieder fest zusammen, sprechen wir von Familienbanden. Wenn die Moleküle einer Flüssigkeit nicht allein in der Gegend herumpurzeln, sondern sich verbinden, so heißt das Kohäsion.
Was bedeutet Kohäsion für die Praxis? Angenommen, Sie gießen Saft ein, und Ihr durstiger Sprößling zieht – eine bei Kindern sehr beliebte Angewohnheit – einfach das Glas weg, dann landet das vitaminreiche Getränk auf dem Küchentisch, aber nicht in Millionen Molekülen, sondern immerhin in einer oder mehreren großen Lachen, eben wegen der Kohäsion.
War Ihr Kind mit dem Wassereimerchen unterwegs, können Sie die Spuren verfolgen, ohne Winnetou zu sein. Ihr Liebling hat nicht unsichtbare einzelne Moleküle verloren, sondern gut sichtbare, durch Kohäsion zusammengehaltene Tropfen.

Anhangskräfte – Adhäsion

Das Schinkenbrot

Nicht nur innerhalb einer Familie, auch zwischen Menschen und Dingen oder zwischen Menschen und Tieren gibt es Anhänglichkeiten. Der Sammler und seine Briefmarken hängen aneinander oder der Züchter und seine Brieftauben. Ebenso gibt es diese Anhangskräfte zwischen verschiedenen Stoffen, z.B. zwischen der Tinte und dem Haushaltsbuch. Ohne daß die Tinten- und Papiermoleküle in Reaktion zueinander getreten sind, haften sie zusammen. Nur durch Anhangskräfte können wir ein Butterbrot mit Schinken belegen, der selbst bei schräger Haltung nicht sofort hinabfällt, und wir können Türen lackieren, den zerrissenen Geldschein mit Tesafilm flicken usw. Gefürchtet sind die Hosen, mit denen unsere Nachwuchssportler vom Fußballspiel bei feuchter Witterung heimkommen. Auch ohne Lupe sind die verhängnisvollen Adhäsionskräfte zwischen Erde und Stoff sichtbar.
Adhäsion und Kohäsion können auch vereint vorkommen. Ist von unserer guten Teetasse der Henkel abgebrochen, und haben wir den Kleber je nach Alter der Kinder unter Buntpapier oder Kollegheften gefunden, dann bestreichen wir die Bruchstellen (der Kleber hält durch Adhäsion); fügen wir die Bruchstellen zusammen, verbinden sich die Kleber (gleicher Stoff) durch Kohäsion.

Oberflächenspannung

Die Mücke wandert über den See

Haben Sie schon mal angstvoll auf das Weinglas gestarrt, wenn der Gastgeber – vom Gespräch gefesselt – immer weitergoß? Nicht jedes „über den Rand“ gefüllte Glas bedeutet ein Unglück, sondern manchmal nur einen „Berg“. Grund für diese „gekrümmte Oberfläche“, die merkwürdigerweise Meniskus (Mondsichel) heißt, sind Energievorgänge in den Molekülen, die eine Oberflächenspannung bewirken. Die Oberfläche von Flüssigkeiten wirkt wie eine unsichtbare Haut. Insekten können auf einem See laufen, eine Nadel, möglichst leicht gefettet, kann auf dem Wasser schwimmen, wenn Sie sie erst auf Seidenpapier gleiten lassen und dann das Papier wegziehen. Berührt die Nadelspitze die Oberfläche, ist die Spannung zerstört, die Nadel versinkt. Das ist natürlich eine Spielerei, aber ernster ist es schon, wenn der Regenschirm, statt die neue Dauerwelle zu schützen, durch unsanfte Berührung undicht wird. Campingleute wissen um das Risiko, ein Zeltdach zu berühren, an dem der Regen runterrauscht.

Die Oberflächenspannung des Wassers schützt das Zeltdach vor dem Durchnässen, wird sie unterbrochen, dringt das Wasser durch die Poren. Vielleicht ist Ihnen schon mal aufgefallen, daß durch ein öliges Haarsieb das Wasser nicht sofort durchläuft, und natürlich machen wir alle uns Imprägniermittel zunutze, um dem Wasser ein „Abperlen" aufzuzwingen. Aber zufrieden sind wir nie. Perlt das Wasser lustig von den fettigen Tellern ab, dann greifen wir zum Spülmittel und heben die Oberflächenspannung auf.

Fettauge und Fieberthermometer

Uralt ist die Anekdote von den Fettaugen auf der Hühnersuppe. Ein Gast gab dem Küchenjungen für jedes Fettauge einen Pfennig. Am nächsten Tag setzte der Junge der Suppe einen kräftigen Schuß Fett zu, doch was passierte? Während des Tragens vereinigten sich alle vereinzelten Fetttröpfchen zu einem einzigen großen, und aus war es mit dem „fetten" Trinkgeld.

„Zusammengehen", das kennen wir auch von anderen Flüssigkeiten. Fiebern unsere Kinder, sind wir nervös, und da kann es passieren, daß das Fieberthermometer unseren Händen entgleitet. O Schreck! Aus der silbrigen Spitze quellen die 20 g Quecksilber in unzähligen Kügelchen – sehr giftig! – und rollen in alle Winkel davon. Bringt man die Ausreißer durch ein Holzstäbchen (später unbedingt wegwerfen) zueinander in Berührung, vereinigen sie sich und können leichter beseitigt werden (Sondermüll!). Warum tun sie das? Weil die Natur sparsam ist. Je kleiner die Oberfläche, je weniger Oberflächenenergie ist nötig. Das wissen auch die kleinsten Tröpfchen und richten sich danach, denn die Oberfläche einer einzigen Kugel ist kleiner als die Oberflächen mehrerer kleiner Kugeln mit demselben Gesamtvolumen.

Ob nun die von uns Hausfrauen so „heißgeliebte" Haut auf gekochter Milch oder Pudding auch durch Oberflächenspannung entsteht, vermochte ich nicht zu klären, es scheint die Physiker nicht zu interessieren.

Kapillarität

Die Öllampe und der Rotweinfleck

Selbst wenn man nur ein Zipfelchen des eilig weggelegten Handtuchs in den Wassereimer taucht, ist schon nach kurzer Zeit das halbe Tuch naß. Wie konnte das Wasser nach oben kommen?
Kapillarität nennt es die Physik, wenn Flüssigkeiten in engen Röhren (auch die Poren eines Stoffes sind solche) aufsteigen. Präzise wirken auch hier Zusammenhangskräfte (ein Tröpfchen zieht das andere nach) und Anhangskräfte (die Flüssigkeit haftet am Stoff) zusammen.
Für die Kapillarität gibt es um uns herum viele Beispiele: Da sind die malerischen Öllampen, die jetzt „in" sind. Der saugfähige Docht taucht in das Öl und befördert es bis zur Spitze, wo es mit mystischer Flamme verbrennt.
Unter Haushaltstips wird oft geraten, während des Urlaubs Blumen zu bewässern, indem man sie über Wollfäden mit einem Wassereimer verbindet. Das müßte gehen. Ich selbst habe eine so nette Nachbarin und es deshalb noch nicht probiert.
Recht ärgerlich ist natürlich, wenn der Tomatensaft auf der Leinendecke oder der ursprünglich so kleine Tintenspritzer auf dem zartgelben Sofa in die Breite gezogen werden. Dann heißt es:

✦ nicht wütend auf den großen Fleck schauen, sondern daran denken, wie interessant doch die Physik im Haushalt ist!

Und so praktisch, wenn wir andererseits mit der kapillaren Küchenrolle die Teetropfen vom wichtigen Brief saugen können. Wie unbedeutend sind jedoch alle diese Beispiele gegen die Kapillarität in der Natur. Bäume, Sträucher, Pflanzen, vom kleinen Grashalm bis zum 110 m hohen Mammutbaum an Kaliforniens Küste, transportieren das Wasser ohne jede Pumpe von der Wurzel bis in die höchste Spitze.

Verbundene Gefäße

Der Berber wird zur Moorlandschaft

Nicht, daß dieser physikalische Begriff von großer Bedeutung für uns Hausfrauen wäre, aber da Gefäße mit Küche zu tun haben, soll er erwähnt werden. Ich erinnere mich noch gerne an die Vorführung im Physiksaal, wenn in mehreren künstlerisch geblasenen Glasröhrchen die rotgefärbte Flüssigkeit gleich hoch stieg, unabhängig, ob das Glas nun schmal oder dickbauchig war. Dieses Prinzip der sogenannten kommunizierenden Röhren war früher Grundlage der Wasserversorgung: Der Wasserturm einer Stadt stand erhöht, dadurch stieg auch in allen Häusern das Wasser bis zur erforderlichen Höhe. Erst seit Hochhäuser die Wasserreservoire überragen, sind zusätzliche Pumpen nötig.
Verbundene Gefäße im Haushalt sind z.B. die Kaffee-, Tee- und Gießkanne. In den Tüllen steht die Flüssigkeit immer genauso hoch wie in der Kanne selbst.
Man kann den Begriff Gefäß natürlich ausdehnen, z.B. auf ein Zimmer, und damit besteht ein Haus aus einer Menge verbundener Gefäße. Daß auch in Zimmern das Wasser kommuniziert, diese Erfahrung machte zu ihrem Leidwesen eine Bekannte. Sie wusch gerade ein paar Strümpfe, als es Sturm läutete. Ich weiß den Anlaß nicht mehr, aber meine Bekannte verließ abrupt das Haus und kam erst eine Stunde später zurück. Sie ahnen, wie inzwischen das munter aus dem Wasserhahn strömende Wasser versucht hat, die Strümpfe weiter zu spülen. Die Überlauföffnung? Ja, dieses Loch kurz unter dem Waschbeckenrand, das so umständlich zu reinigen ist, gab es auch bei diesem Waschbecken. Aber leider unterlagen die Strümpfe einem starken Auftrieb und wurden mit dem Wasserstrudel genau in diese Öffnung gespült. Dort konnten sie nicht weiter und riegelten

die Überlaufsicherung sozusagen hermetisch ab. Dem Wasser blieb nichts anderes übrig als überzulaufen, und es floß und floß. Nun hätte es natürlich zunächst das Bad einschließlich Wanne bis in Fliesenhöhe oder bis zur Decke füllen können. Aber nein, das Wasser hielt sich getreulich an die bekannten Regeln der Physik und versuchte, im Haus eine horizontale Wasserebene zu schaffen. Geschlossene Türen waren dabei kein Hindernis.

Was meine Bekannte bei ihrer Rückkehr über kommunizierende Röhren (verbundene Gefäße) dachte, möchte ich lieber nicht schildern. In der Familie wurde jedenfalls später lachend erzählt, daß man auf dem dicken Berber im Wohnzimmer noch mehrere Tage wie auf einem weichen Moorweg gewandelt sei, und daß es bei jedem Schritt rundherum geheimnisvoll gegluckert habe.

Der elektrische Strom

Gemeinsam ist vielen Berufen, ständig Zuhörer oder Helfer bei der Hand zu haben. Uns Hausfrauen ist gemeinsam, genau dies nicht zu haben. Natürlich beteuern alle Familienangehörigen stets ihre Hilfsbereitschaft, doch leider, genau dann, wenn helfende Hände nötig wären, haben andere dringende Erledigungen und wichtige Termine Vorrang. Allein stehen wir mit unseren Problemen da. Was wären wir ohne unseren zwar nicht heimlichen, aber sehr stillen Freund im Hintergrund? Tag und Nacht, ob wir gute oder schlechte Laune haben, stets geht er uns zur Hand, beim Kochen, Backen, Braten, ob wir Gemüse zerkleinern oder Teig rühren, selbst Berge von Wäsche und eine Wohnung nach dem Kindergeburtstag erschrecken ihn nicht, und nebenbei ermöglicht er uns noch musikalische Unterhaltung oder eine Schönheitsstunde unter der Trockenhaube. Weder anerkennend streicheln können wir unseren Freund, noch ihn mit Leckerbissen verwöhnen. So selbstlos ist er, der elektrische Strom.

Einen Stecker in die Dose, einen Schalter drehen, und schon setzt er Maschinen, Geräte, Öfen und Lampen in Betrieb – ganz selbstverständlich. Was ist nun aber Elektrizität? Atome enthalten Protonen (positiv) und Elektronen (negativ). Werden sie getrennt, entsteht zwischen ihnen eine Spannung.
Schon 600 v. Chr. beobachtete Thales von Milet, daß ein mit Pelz geriebener Bernstein Federn anzieht, also Kräfte besitzt. Der Name „elektron“ (griechisch für Bernstein) hat sich bis heute erhalten. Reibungselektrizität beobachten wir ebenso, wenn wir Kunststoffe, Glasstäbe oder Seide aneinander reiben oder das weiche Fell unserer anschmiegsamen Katze

gegen den Strich bürsten. Auch ein im Dunkeln ausgezogener Synthetikpullover macht zwar die „Entladung" von Elektronenüberschüssen durch Funken sichtbar, erklärt aber nicht, warum der Motor unserer Waschmaschine sich so fleißig dreht.
Lassen Sie sich deshalb an Europas Vielvölkerfluß, die Donau, entführen. Zwischen einem Wasserstrom und dem elektrischen Strom gibt es Parallelen. Während das Wasser eines Sees sich kaum bewegt, strömt es in der Donau mit großer Geschwindigkeit dahin. Wie alles in der Natur um Ausgleich bemüht, fließt Wasser stets zum tiefsten Punkt, so sind vom Schwarzwald bis zum Schwarzen Meer unendlich viele Wassertröpfchen unterwegs und bilden einen 2850 km langen Strom mit ungeheurer Energie, bei einem Gefälle von ca. 500 m.
Energiereich ist auch der Elektronenfluß, der entsteht, wenn auf einer Seite ein Elektronenüberschuß herrscht. Stellen wir in unserer Küche eine Verbindung zum E-Werk her, fließen von dort aus dem großen Überschuß die Elektronen zu uns. In unseren Geräten werden aber nicht die Elektronen selbst verbraucht, sondern nur ihre Energie, so wie auch dem Wasser, das eine Mühle antreibt, nur die Bewegungsenergie entnommen wird, das Wasser selbst aber im Mühlbach, wenn auch etwas langsamer, weiterfließt.

Stromstärke

Ein paar „elektrische" Begriffe:
Die **Stromstärke** ist die Elektrizität (Elektronenmenge), die pro Zeiteinheit durch den Querschnitt eines Leiters fließt.
Vergleich zum Wasser: Das Wasser einer Quelle, das 100 m in die Tiefe stürzt, also ein großes Gefälle hat, ist ein nettes Naturschauspiel, aber verglichen mit den „nur" 54 m hohen Niagarafällen unbedeutend. Der Unterschied liegt in der Wasser**menge** (beim Niagarafall ca. 5800 m^3 pro Sekunde).

Einheit der Stromstärke: **Ampere** (ohne Betonungszeichen)
nach dem französischen Physiker André Marie Ampère (1775–1836), berühmt durch seine Entdeckungen auf dem Gebiet des Magnetismus.
Zu unserem Fernseher fließen bei einer Betriebsstromstärke von 1 Ampere pro Sekunde 6240000000000000000 Elektronen. So viele Nullen sind nur der Hausfrauenlogik erlaubt, sonst heißt es natürlich $6{,}24 \cdot 10^{18}$.

Spannung

Beim E-Werk muß ein großer und gleichbleibender „Elektronenvorrat" als Spannungsquelle vorhanden sein, damit ein Spannungsgefälle besteht. Als „Wasserbeispiel" mag der Bodensee gelten, aus dem der Rhein abfließt, ohne daß der Wasserspiegel des Bodensees sich merklich senkt.

Einheit der Spannung: **Volt** nach Alessandro Graf Volta, dem italienischen Erfinder der Batterie.

Hochspannung

Jeder vorsichtige Mensch hält instinktiv einen Abstand zu den Überlandleitungen, in denen Strom mit einer Spannung von mehreren 1000 Volt vom Kraftwerk zu den Ortsnetzen fließt. Mutproben wie das Erklettern der Masten, meist im alkoholisierten Zustand, enden fast immer tödlich. Warum macht man die Spannung so gefährlich hoch?
Weil von den Abnehmern eine enorm hohe elektrische Leistung erwartet wird (denken Sie daran, wieviel Watt Anschlußwert allein Ihre Wohnung hat). Leistung ist aber das Produkt aus Spannung mal Stromstärke. Ist die

Spannung hoch, kann die Stromstärke geringer sein, und das ist für den Transport wichtig: Ähnlich wie eine große Wassermenge ein breites Flußbett braucht, erfordert auch eine große Stromstärke viel Platz, d.h. die Kabel müßten so dick sein, daß man sie nicht von Mast zu Mast durch die Luft führen könnte, man würde sehr viel Kupfer benötigen und außerdem wären die Wärmeverluste hoch. Deshalb erhöht man die Spannung, um bei gleicher Leistung die Stromstärke niedriger zu halten. So wie man auch durch hohen Druck mehr Wasser durch einen Feuerwehrschlauch schicken kann.

Netzspannung

Wie durch bauliche Maßnahmen die Strömung eines Flusses regulierbar ist, läßt sich auch der Strom transformieren. In den früher so malerischen, heute eher zweckmäßigen Transformatorenhäuschen wird die Hochspannung auf 220/380 Volt heruntertransformiert, wie sie in unserem Elektroverteilerkasten ankommt. Hier erfolgt dann durch Anschlußtechnik (Elektriker!) eine Verteilung:

✦ *Drehstrom* 380 V (dreiphasig) für die Großverbraucher (Waschmaschine, Herd, Elektroheizung)

✦ *Wechselstrom* 220 Volt für Steckdosen und Stromauslässe.
Hinter diese „220 Volt" gehört ein dickes Ausrufezeichen, denn
1. sind unsere deutschen 220 Volt zum Leidwesen unserer Touristen nicht internationaler Standard (USA, Japan u.a. z.B. 110 Volt).
2. Wird die Netzspannung in Westeuropa vereinheitlicht. Das erleichtert den freizügigen Handel mit Elektrogeräten, und sollten Sie innerhalb der EG umziehen, können Sie künftig Ihr altes Bügeleisen überall benutzen.

Ab dem Jahr 2003 beträgt die einheitliche Spannung:
230 Volt +/– 10 %, also zwischen 207 und 253 Volt.

Übergangszeit bis 2003: 230 V +6/–10 %, also 207–244 Volt.

Wie wirkt sich das aus?
Bei höherer Spannung fließt mehr Strom, die Leistung erhöht sich: Lampen leuchten heller, Herdplatten werden wärmer.

Folgen: Stärkere Erwärmung, Verkürzung der Lebensdauer der Geräte, wenn sie nicht für höhere Spannungen ausgelegt sind.

Viele Geräte haben schon einen Spannungsbereich von z.B. 220–240 V, aber je näher das Jahr 2003 rückt, desto aufmerksamer sollte man beim Kauf auf die technischen Angaben achten, um sich nicht einen Ladenhüter mit geringer Spannungstoleranz einzuhandeln. Es wäre zu ärgerlich, würde der neue Fernseher die Spannung des nächsten Jahrtausends nicht verkraften.

Kleinspannung

Die Höhe der Spannung ist auch ein Maß für die Gefährlichkeit. Darum wird z.B. die Spannung für alles, was in Kinderhände gelangen kann (Eisenbahn, Puppenstube, Klingelanlage), mit Transformatoren (Trafos) auf 24 Volt und darunter herabgesetzt.

Elektrische Leistung

Ein Wasserstrom leistet um so mehr, je stärker das Gefälle und je größer die Wassermenge ist.

> So ist **das Produkt aus Spannung (Volt) und Stromstärke (Ampere) = die elektrische Leistung, gemessen in Watt.**

Auf der Glühlampe oder dem Großmotor wird bei allen Angaben der elektrischen Leistung *James Watt* geehrt, von dem es in einer Tafel über seinem Grab in Westminster Abbey (übersetzt) heißt:

> James Watt, der die Macht seines schöpferischen Verstandes für die Verbesserung der Dampfmaschine einsetzte, auf diese Weise die Hilfsquellen seines Landes erweiterte, die Kräfte der Menschen vermehrte und so zu einem wirklichen Wohltäter der Menschheit wurde.

Daß es Verbesserung statt Erfindung heißt, zeugt von Fairneß. Das Prinzip der Dampfmaschine hatte schon vorher der Franzose Papin erkannt, aber nicht wirkungsvoll ausgenutzt.

Elektrische Arbeit

Ein Taschentuch zu bügeln, ist nichts Besonderes, erst stundenlanges Bügeln wird zur Arbeit. Der Faktor **Zeit** bestimmt auch die Arbeit von Wasserströmen. Jahrhunderte brauchte der Colorado, um die eindrucksvollen, bis zu 1800 m tiefen Schluchten des Grand Canyon in das amerikanische Felsengebirge zu graben. In unserem Haushalt spielen nun nicht Jahrhunderte eine Rolle, aber ob wir eine 1000-Watt-Herdplatte nur 60 Sekunden oder eine Stunde auf voller Leistung betreiben, das bedeutet etwas, nämlich Geld:

1000 Watt 1 Stunde lang = **1 Kilowattstunde (kWh),**
auch 1 Lampe von 100 Watt 10 Stunden lang sind 1 Kilowattstunde.

Die Kilowattstunde ist die elektrische Arbeit, die sich die E-Werke von uns zahlen lassen. *Thomas Alva Edison*, der uns unter 2000 Erfindungen das Grammophon und 1882 das erste Elektrizitätswerk bescherte, hat auch gleich einen Stromzähler erfunden, mit dem gemessen wird, wieviel Marmelade wir gekocht, wieviel Kuchen wir gebacken, also wieviel Strom wir gebraucht haben.
Die Stromrechnung genauer anzuschauen wurde populär, als der frühere Bundeskanzler Helmut Schmidt sich bei den E-Werken über die Unübersichtlichkeit beschwerte. Nicht der Kilowattstunden-Verbrauch macht die Rechnung so unklar, sondern das Gestrüpp von Grundbeiträgen, verschiedenen Steuersätzen und Ausgleichszahlungen. Ausgleich – wofür? Vom Kohlepfennig ist die Rede, aber um Pfennige handelt es sich längst nicht mehr.

Gleichstrom – Wechselstrom

Auf unseren Geräten sehen wir häufig das Zeichen ~, das Wechselstrom bedeutet. Im E-Werk wird aus Wasserkraft, Kohle, Heizöl oder Kernbrennstoffen über Turbinen zunächst dynamische Rotations-Energie erzeugt und in elektrischen Strom umgewandelt. Aus technischen Gründen erfolgt dabei eine periodische Umpolung, also entsteht Wechselstrom, der den Vorteil hat, daß er transformiert werden kann. Für Fernseh-, Rundfunk- und Videogeräte ist allerdings Gleichstrom notwendig. Wir brauchen aber deshalb keine separate Stromleitung, weil in den Geräten eingebaute Gleichrichter den Gleichstrom erzeugen.

Der Strom auf Wanderschaft

Auf langen, uns oft unbekannten Pfaden gelangt der elektrische Strom vom Kraftwerk bis zu unserer Kaffeemaschine, und zwar nicht durch die Luft wie Radiowellen oder Sonnenlicht. Der Strom braucht eine Leitung.

Dabei ist es aber nun nicht so, daß die Elektronen sich im Kraftwerk erst in dem Augenblick auf den Weg machen, wenn wir Kaffee zubereiten wollen. Die metallenen Stromleitungen sind mit einer großen Zahl freier Elektronen gefüllt, die in dem Moment, in dem wir z.B. unser Heißwassergerät einschalten, angestoßen werden. Das Anstoßen pflanzt sich fast mit Lichtgeschwindigkeit fort, so daß alle Elektronen sofort fließen, ohne daß wir den weiten Weg des Stromes bemerken.
Schließen wir dagegen im Garten einen langen, leeren Schlauch an den Wasserhahn, dauert es einige Zeit, bis das Wasser das Schlauchende erreicht hat, ist aber der Schlauch noch voll Wasser, dann kommt der Strahl sofort.

Leiter

Das sind Stoffe, die elektrischen Ladungsträgern das „Hindurchwandern“ ermöglichen, z.B.:

✦ Metalle, Kohle, Laugen, Säuren, in Wasser gelöste Salze.

Gold und Silber gehören zu den besten Leitern. Leider sind unsere Stromnetze aber keine verborgenen Schatzkammern. Wegen des Preises werden Edelmetalle nur für Spezialleitungen verwandt, unser Haushaltsstrom fließt über gewöhnliche Kupfer- oder Aluminiumdrähte. Nachzudenken ist über die Leitfähigkeit von Wasser. Reines Wasser (H_2O) kann theoretisch nicht leiten – aber wie schon der Name „Mineral“-Wasser sagt und auf dem Etikett nachzulesen ist, im Wasser kann vielerlei Leitendes gelöst sein. Auch wenn gewöhnliches Leitungswasser nicht soviel „gesunde“ Natur besitzt, so enthält es andere Stoffe, so daß auch Leitungswasser als Leiter in Verbindung mit Elektrizität gefährlich ist.

✦ Deshalb niemals Leitungswasser in ein Dampfbügeleisen füllen, sondern nur das nach VDE 0510 vorgeschriebene destillierte Wasser, das frei von leitfähigen Bestandteilen ist (und auch keinen Kalk hinterläßt).

Der Mensch hat nicht nur Eisen im Blut und Gold an den Zähnen, er besteht aus vielen leitenden Materialien und nicht zuletzt aus 60–70 % mineralhaltigem Wasser. Folglich ist auch der Mensch ein Leiter. Manch einer hat es durch unangenehmes Kribbeln bei einem schwachen Stromschlag verspürt, für manch einen war dies das allerletzte Gefühl, bevor er gar nichts mehr spürte.

Nichtleiter

Schade, daß uns die Stoffe nicht zeigen, ob sie Leiter oder Nichtleiter sind. Bei einem Stromunfall kann lebensrettend sein, Nichtleiter zu kennen, um damit einen Menschen von der Leitung wegzuziehen.

Nichtleiter sind:

- Glas, Keramik, Porzellan, viele Kunststoffe, Gummi, Holz, Textilien, Luft, Öl, destilliertes Wasser.

Nichtleiter dienen zur Isolierung:
Ummantelung elektrischer Leitungen mit Gummi/Kunststoff, Isolierung elektrischer Drähte in Steckern und Dosen aus Keramik, elektrische Werkzeuge mit Holz- oder Kunststoffgriffen.

Wie sicher sind unsere Geräte?

Seit Jahrzehnten setzt sich der VDE (Verband Deutscher Elektrotechniker) für sicheren Umgang mit Strom und für sichere Geräte ein. Leider sind die VDE-Vorschriften kein Gesetz, schon gar nicht international. Aber wenn wir nur Geräte mit dem VDE-Zeichen kaufen, können die Händler sehr wohl gezwungen werden, nur sichere Geräte anzubieten, auch wenn „einfachere" Produktionen aus Ländern, in denen ein Menschenleben weniger zählt, billiger sind.

Wann ist ein Gerät sicher? Wenn die Gefahr ausgeschlossen ist, daß wir bei der Benutzung mit dem Strom in Berührung kommen.

- Das sicherste Mittel dazu ist die **Schutzisolierung**.

Kaltgeräte:

- Küchenquirl, Rasierapparat, Staubsauger haben eine isolierende Kunststoffumhüllung.
- Selbst wenn sich im Innern ein Draht lösen und gegen die Umhüllung stoßen sollte, kann kein Strom nach außen fließen.
- Alle nach außen führenden Metallteile (Schrauben) sind noch zusätzlich isoliert.
- Schutzisolierte Geräte tragen das Zeichen ⧈
  Das Quadrat im Quadrat bedeutet, daß es keine leitende Verbindung zwischen innen und außen gibt.

Warum kann trotzdem ein schutzisoliertes Gerät, ein Radio oder Fön, in der Badewanne tödlich sein? Die Antwort ist einfach.

✦ Das Wasser läuft durch alle Öffnungen in das Gerät, füllt den Leerraum, überbrückt damit die Schutzisolierung und schafft eine Verbindung der stromführenden Teile nach außen, zum Badewasser, zum Menschen im Wasser.

Schutzkontakt – Schuko

Warmgeräte:

✦ Herdplatte, Bügeleisen, Heizofen, Grill, Waffeleisen.

Diese Geräte können nicht mit Kunststoff ummantelt sein, weil zur Wärmeübertragung Metalle notwendig sind, die aber auch Strom leiten. Das könnte dazu führen, daß bei einem Defekt im Gerät auch die äußeren Metallteile unter Spannung stehen und beim Berühren gefährliche Körperströme auf den Menschen übergehen. Um diese Gefahr zu vermeiden, wurde von der Elektroindustrie der Schutzleiter (ein dritter Draht) eingeführt.

✦ Der Schutzleiter (Elektriker sprechen wegen der genormten Farbe meist vom „Grüngelben") führt vom Inneren des Gerätes bis zum zentralen Erdleiter des Hauses (in den Fundamenten).
✦ An den Übergangsstellen Gerät – Stecker, Stecker – Steckdose wird der Schutzleiter automatisch durch die seitlichen Metallstreifen – Schutzkontakte –, kurz Schuko genannt, verbunden.

Die Schutzkontakte sind Ihnen bestimmt schon deshalb aufgefallen, weil sich durch sie die Schukostecker schwerer in die Steckdose stecken lassen als die kleinen Stecker der dünnen, zweiadrigen Kabel.
Die alte Regel, eine Kette ist nur so stark wie ihr schwächstes Glied, gilt natürlich auch für den Schutzleiter.
Bei der kleinsten Lücke (Unterbrechung) ist er wirkungslos, funktioniert im Ernstfall nicht. Deshalb werden Schukostecker und Dosen besonders stabil hergestellt.
Eine Schwachstelle war früher die bewegliche Verbindung vom Kabel zum Gerät, weil sich durch häufiges Rausziehen und Reinstecken Drähte lösten oder gar abbrachen: Deshalb werden heute die Kabel meist fest mit dem Gerät verschweißt.

✦ Um zu vermeiden, daß Schukostecker gegen einfache Stecker ausgetauscht werden, sind auch die einfachen Stecker der „ungefährlichen" Geräte fest am Kabel angebracht, und es gibt sie nicht einzeln zu kaufen (das ist keine Schikane, sondern dient der Sicherheit).

Einen noch besseren Schutz als jetzige Schukostecker sollen später die *Eurostecker* bieten. Sie haben eine Buchse und als Gegenstück ist in den Schukosteckdosen ein Stift. Nur wenn Stift und Buchse zusammenpassen, kommt eine Verbindung zustande. Damit ist der Stecker polarisiert, d.h. man kann ihn nicht – wie bisher – über Kopf in die Dose stecken.

Geheimnisvolles in unseren Wänden?

Elektrizität nur in bestimmten Zonen

Was verbirgt sich hinter Tapeten, Fliesen, Holzverkleidungen? Höchst geheime Tresore? Wohl auch. Gewöhnlich sind es diverse Rohre und Kabel und natürlich die Elektroleitungen, die vorsorgliche Handwerker gelegt haben, bevor wir eingezogen sind, bevor die kahlen, mit Schlitzen versehenen Rohbauwände durch Putz und Tapeten verschönt wurden.
Auch wenn wir die Elektroleitungen nie gesehen haben, bleiben sie allgegenwärtig. Sind wir mit Hammer und Nagel bewaffnet, um ein neues Bild oder das Apothekenschränkchen anzubringen und ist der optisch günstigste Platz gefunden, ergibt sich die bange Frage: Ist in der Wand auch nicht zufällig eine Leitung versteckt?

Das Wort „zufällig“ macht stutzig. Ist denn die Führung elektrischer Leitungen nicht geregelt?
Ein Gesetz gibt es nicht, aber die Norm DIN 18015 über Installationszonen für unsichtbar verlegte Leitungen. Haben Sie oder Ihr Architekt die Einhaltung dieser Norm vertraglich vorgesehen oder hat der Elektriker von sich aus danach gehandelt, dann können Sie sich nach folgenden Kriterien richten:

✦ Die Elektroleitungen sind in Wänden nicht schräg, sondern senkrecht oder waagerecht in folgenden Installationszonen verlegt.

Waagerechte Installationszonen:

oben 15–45 cm unter der fertigen Deckenfläche,
bevorzugt bei 30 cm
unten 15–45 cm über der fertigen Fußbodenfläche,
bevorzugt bei 30 cm
Mitte 90–120 cm über der fertigen Fußbodenfläche,
bevorzugt bei 100 cm

Senkrechte Installationszonen:

Türen	10 bis 30 cm neben den Rohbaukanten (Schloßseite der Tür), bevorzugt bei 15 cm
Fenster	10 bis 30 cm neben den Rohbaukanten, bevorzugt bei 15 cm
Wandecken	10 bis 30 cm neben den Rohbauecken, bevorzugt bei 15 cm

Nun wird man natürlich eine Wandlampe nicht unbedingt neben der Tür anbringen wollen, nur weil dort die Installationszone ist. In diesem und ähnlichen Fällen erfolgt der Anschluß mit senkrechten Stichleitungen aus der nächstgelegenen waagerechten Installationszone.

Sicherungen und Fehlerstrom-(FI-)Schutzschalter

Fast selbstverständlich werden in allen Haushalten Sicherungen (Leitungsschutzschalter) eingesetzt, um Brände durch Kurzschluß oder Überlastung von Stromleitungen zu verhindern. Leider haben die Sicherungen einen Nachteil: Sie kontrollieren die in die Zuleitungen fließende Stromstärke, „merken“ aber nicht, wenn der Strom in die Erdung fließt oder – noch schlimmer – sich als Leitung einen Menschen ausgesucht hat, in einen Stromkreis geraten ist. Bekanntlich sind Menschen nicht dazu konstruiert, als Stromleiter zu dienen. Um die möglichen schlimmen Folgen dieser sogenannten „Fehlerströme" auszuschließen, wurden von der Elektroindustrie moderne Fehlerstrom-Schutzschalter entwickelt, die den in einen Verbraucher fließenden und zurückkehrenden Strom messen und bei jeder Störung des elektrischen Gleichgewichts (durch einen fehlerhaft abfließenden Strom) die Stromzufuhr sofort unterbrechen. Es gibt FI-Schalter mit Abschaltzeiten von 10 Millisekunden, also weit unterhalb der „Loslaßgrenze". Nach der neuen VDE 0100 von 1984 sind Fehlerstrom-Schutzschalter in neu zu errichtenden Bädern und Duschräumen Vorschrift. Was aber ist mit den „alten" Bädern? Auch hier lauern die Gefahren. Darum gibt es zum Nachrüsten Fehlerstrom-Sicherheitssteckdosen, die gegen vorhandene Schukosteckdosen ohne Stemmarbeiten oder zusätzliche Leitungen ausgetauscht werden können (Fachmann!) und den Schutz vor Stromunfällen erheblich verbessern.

✦ Wichtiger als eine schönere Armatur oder ein moderneres Waschbecken sollte stets die Sicherheit sein.

Leichtsinn – die tödliche Gefahr

Die Gefahren des elektrischen Stroms scheinen gebannt – Sicherheit vom Kraftwerk bis in unsere Geräte. Nur noch ein minimaler Teil der Hausunfälle sind Stromunfälle, aber sie müßten überhaupt nicht sein.

✦ Bis auf wenige Ausnahmen ist fast immer Unwissenheit, Nachlässigkeit oder Leichtsinn die Ursache.

Deshalb ist folgendes Gefahrenregister unverzichtbar:

Strom und Wasser

Sogar ein James Bond (oder zumindest der Regisseur) wußte um die physikalischen Gesetze des Stroms. Filmsituation: Gegner in der Badewanne, schußbereite Waffe auf den Action-Held gerichtet, dieser griff zum Heizofen, warf ihn in das Badewasser. Nur noch ein tierischer Schrei des Gegners war zu hören. Nicht nur durch die stählernen Muskeln eines Geheimagenten wird ein in die Badewanne geworfenes Elektrogerät zur tödlichen Waffe. Ein zappelndes Kind, das den Ventilator herunterreißt, ein wilder Bub, der mit dem Schlauch in eine Heizsonne spritzt, auch sie können bedrohliche elektrische Wirkungen auslösen.

Wie wir unsere Kinder fast bis zum Stumpfsinn vor Autos warnen, muß es auch bei uns eine „Bordsteinschwelle“ geben, wenn wir gleichzeitig elektrische Geräte und Wasser in irgendeiner Form berühren.
Vor kurzem fönte ich mein Haar, als mir der Kamm in das bis zum Rand gefüllte Waschbecken fiel, in dem die Schiffe unseres kleinen Sohnes schwammen. Blitzschnell und ohne zu überlegen faßte ich nach. Erst als ich meinen tropfnassen Arm sah, wurde mir mein Fehler bewußt.
Um solche Gedankenlosigkeiten zu vermeiden,

- ✦ **dürfen Elektrogeräte niemals von der Badewanne aus erreichbar sein.**
- ✦ Dies gilt auch für das so harmlos wirkende, netzbetriebene Radio.

Wie leicht greift man doch zum Ausschalter, wenn die Musik unerträglich oder die Werbung geisttötend ist. Befinden sich andere Personen im Bad, sollten auch sie keine Elektrogeräte benutzen. Fällt der elektrische Lokkenstab oder der Rasierapparat in die Wanne, kann man zum Mörder des Badenden werden. Neuerdings wird für das Telefon im WC geworben. Im Bereich der Badewanne hat es jedenfalls nichts zu suchen. Hier könnten auch 60 V Gleichstrom schon schädlich sein.

- ✦ Niemals darf die Vorschrift, daß im Wannenbereich keine Steckdosen sein dürfen, durch Verlängerungskabel umgangen werden!

Reparaturen
Es gibt „Superhausfrauen“, die ihre Geräte selbst „flicken“. Wenn man es kann, eine tolle Sache, aber Vorsicht! Haben sich z.B. im Innern des Bügeleisens Drähte gelöst, wird man sie verbinden und sich freuen, wenn das Eisen wieder heiß wird. Aber wurde auch der Erdungsdraht richtig angeschlossen? Das ist das Tückische, man bemerkt die fehlende Erdung nicht. Aber der nächste Defekt kann für den Bediener tödlich sein.

Noch etwas kommt vor:

- ✦ Laut VDE-Vorschrift ist bei Schukosteckern der Erdungsdraht etwas länger als die beiden Stromdrähte, damit er beim „Zerren an der Schnur“ als letztes abreißt.

Ordnungsliebende „Do it yourself“-Leute bringen nun bei einer Reparatur erst mal die Drähte schön auf gleiche Länge und zerstören damit eine wichtige Sicherheitsfunktion.

Sollten Sie als Heimwerker die unansehnlich gewordene Badewanne erneuern, fällt Ihnen vielleicht ein kräftiger Kupferdraht oder ein Stück feuerverzinkter Bandstahl auf, der an der Badewanne „hängt“.

- ✦ Das ist kein Relikt aus der Bauzeit, sondern das, was die Fachleute Potentialausgleich nennen, also die nach VDE 0100 vorgesehene Erdung der Badewanne.
- ✦ Sie darf keinesfalls entfernt, sondern muß bei Einbau einer neuen Metallwanne wieder fachgemäß angeschlossen werden.

Beschädigung elektrischer Wandleitungen

Aus der Wand hängende Drähte, selbst wenn sie isoliert sind, flößen dem Laien Angst ein. Ja sogar lose Drähte, die nirgends angeschlossen sind, wirken unangenehm. Ist aber ein Bild anzubringen, wird bedenkenlos in die Wand gebohrt oder ein Stahlnagel für den Trockenblumenstrauß direkt unter der Wandlampe eingeschlagen – das ist gefährlich!

Wurden die DIN-Normen eingehalten, befinden sich elektrische Leitungen nur innerhalb der Installationszonen (siehe eigenes Kapitel). Da aber die DIN-Norm erst aus dem Jahr 1982 stammt und wir nicht sicher wissen, ob nachträglich Leitungen unfachmännisch quer verlegt wurden, ist bei jedem Eindringen in die Wände, besonders in den Randbereichen, größte Vorsicht geboten:

Mögliche Sicherheitsvorkehrungen (die teilweise auch für Reparaturarbeiten an festangeschlossenen Geräten gelten):

- ✦ Stromführende Leitungen mit Leitungssuchgeräten aufspüren.
- ✦ Strom abschalten (Sicherung, Strom für Bohrmaschine über Verlängerungskabel aus anderem Stromkreis/Raum).
- ✦ Feuchte Standfläche vermeiden, Schuhe mit dicken Gummisohlen tragen.
- ✦ Nur Werkzeug mit isolierten Handgriffen benutzen.

Hoffentlich vergeht Ihnen nicht die Lust, Ihre Wohnung zu verschönern. Es soll keine Angst erzeugt, sondern nur zur Vorsicht gemahnt werden. Übrigens ist es schon vorgekommen, daß derjenige verschont wurde, der mit einem Nagel eine stromführende Leitung getroffen hatte (Hammer mit Holzgriff), daß aber der nächste, der den Nagel berührte, einen Stromschlag bekam.

✦ Wollen Sie ganz sichergehen, prüfen Sie mit dem Schraubenzieher, „der leuchtet“ (Polprüfer, Spannungsprüfer), gefährdete Nägel, Schrauben oder Drähte.

Sicherungen verändern

Eine Überlastung von Elektroleitungen durch zu hohe Verbraucher oder durch Kurzschluß kann zum Leitungsbrand führen. Vorschriftsmäßig installierte Sicherungen sind ein wirksamer Schutz dagegen. In neueren Wohnungen ist das Leitungsnetz meist in Stromkreise unterteilt, so daß, wenn die Sicherung die Leitung zur Waschmaschine abschaltet, das Licht noch funktioniert.

✦ Geradezu sträflich ist es, eine „herausgeflogene“ Sicherung durch einen Draht zu überbrücken oder durch eine größere Sicherung zu ersetzen.

Was passiert? Die überbrückte oder zu große Sicherung „merkt“ die Überlastung der Leitung erst, wenn schon die Umgebung brennt (in Altbauten mit „schwachen“ Leitungen eine häufige Brandursache).

Defekte Geräte

So selbstverständlich wie es ist, nicht mit Stricknadeln in Steckdosen zu spielen, ist es hoffentlich auch:

✦ keine defekten Geräte zu benutzen, keine ausgefransten oder beschädigten Kabel, keine losen Stecker.

Es ist jedoch kein Gerätedefekt, wenn Sie beim Berühren der Kontakte nach dem Ziehen des Netzsteckers einen unangenehmen, aber ungefährlichen „Schlag“ verspüren. Dabei entlädt sich lediglich ein Kondensator, der wegen der Funkentstörung in vielen Geräten eingebaut ist.

Stromunfall – was tun?

Ein Mensch steht unter Strom, „klebt“ an einem Kabel oder Gerät, kann sich nicht lösen, weil die Muskeln verkrampft sind – eine entsetzliche Situation. Ist es ein Angehöriger, gar Ihr Kind, springen Sie vielleicht hinzu, um es von der Leitung wegzureißen. Eine verständliche Reaktion, aber die ganz falsche.

✦ Durch die Berührung würde der Strom auch durch Ihren Körper fließen und Sie zum zweiten Opfer machen.

Richtig ist:

- ✦ Strom abschalten oder
- ✦ Stromfluß unterbrechen: mit einem Nichtleiter (trockener Besenstiel, Kunststoffstab, Gummimatte) die stromführenden Drähte oder das Gerät wegstoßen (am besten eignet sich Opas alter Spazierstock aus Holz).
- ✦ Ist das Gerät zu schwer, den Menschen mit einem isolierenden Gegenstand (Nichtleiter) wegrollen.

Und dies alles, ehe es zu spät ist. Da kann man nicht erst in einem Buch nachschlagen, was ist ein „Nichtleiter“, man muß es wissen. Und wissen sollte man auch, wie man einen Menschen mit Atemstillstand bis zum Eintreffen des Arztes beatmet.

Die Hausfrau – ein technischer Direktor

Vieles haben wir mit einem technischen Direktor gemeinsam. Wir haben uns um die Rohstoffe zu kümmern (Einkauf), um die rationelle Fertigung (Backen und Kochen), um den Zustand unserer Geräte (ob das Küchenmesser stumpf ist oder der Schneebesen nur noch einen Draht hat). Der Umweltschutz gehört ebenso zu unserem Metier wie die Sicherheit. Ist der Läufer rutschfest, sind die Steckdosen kindersicher?
Was ein Direktor als Innovation bezeichnet, läuft bei uns unter Neuerung, auch ohne Forschungsabteilung und Patente erfinden wir Praktisches, und für gutes Betriebsklima sorgen wir ohne Hilfe eines Betriebspsychologen. Natürlich tragen wir die Verantwortung für unsere gesamte „Firma“, auch für das, was die Kinder außerhalb unseres Gesichtskreises treiben.
Aber es gibt auch Unterschiede. Ein technischer Direktor verfügt über Maschinen und Angestellte, wir sind meist auf uns selber angewiesen. Wir können weder unangenehme Arbeiten delegieren, noch Schuld für Miß-

lungenes abwälzen. Ist der Kuchen angebrannt, die Milch übergekocht, gilt der Tadel nur uns selbst. Und noch etwas ist anders: Technisches Verständnis wird bei uns vorausgesetzt. Fachkenntnisse sollen wir ohne jede Ausbildung besitzen. Wenn es hoch kommt, haben wir Kochen gelernt, vielleicht noch einen Nähkurs absolviert, aber alles andere müssen wir uns selbst erarbeiten. Während in allen Berufen die Spezialisierung fortschreitet, ein Fernsehtechniker meist nicht in der Lage ist, auch einen Wasserhahn zu reparieren, arbeitet eine Hausfrau noch immer als Allroundgenie auf *vielen* Gebieten.

Wie die moderne Hausfrau „schaltet" und waltet

Welches Gerät ist für uns am wichtigsten? Ob Kochherd, Waschmaschine oder Staubsauger, wir brauchen alle. Wer möchte heute noch mit einem Flederwisch die Wohnung reinigen, am offenen Feuer kochen, die schädlichen Rauchgase einatmen? Wer möchte seine Wäsche am Fluß waschen, der zwar früher weniger Chemie, dafür aber mehr Fäkalien enthielt? Schrecklich, diese guten alten Zeiten.

Da loben wir die neue Küche. Natürlich denkt die Industrie nicht nur daran, uns das Leben zu erleichtern, sondern auch an den eigenen Umsatz. Deshalb muß jeder für sich entscheiden, ob er die elektrische Wurstschneidemaschine oder den Eierkocher auch wirklich braucht. Ist eine Maschine angeschafft, gilt es ein paar Hinweise zu beherzigen:

- ✦ Lesen Sie die Gebrauchs- und Betriebsanweisungen sorgfältig, nicht nur bei der Anschaffung, auch später mal wieder.
- ✦ Benutzen Sie Geräte nicht einfach stur, machen Sie sich Gedanken, wie etwas funktioniert. Nur wer die Arbeitsweise versteht, kann ein Gerät richtig handhaben.
- ✦ Bescheid zu wissen, mitzudenken, macht jede Arbeit interessant!

Leider bestehen Gebrauchsanweisungen oft nur aus einer Auflistung von Handgriffen. *Warum* das eine oder andere wichtig ist, bleibt unerwähnt. Die Hersteller wissen wohl nicht, daß der Verstand einer Hausfrau durchaus ausreicht, um technische Zusammenhänge zu begreifen.

Die Mikrowelle

Stellvertretend für unsere vielen treuen Diener soll am Mikrowellenherd gezeigt werden, wie Physik und Anwendung zusammengehören. *Die neue Welle – Mikrowelle*, heißt ein Slogan. Als neu kann man Mikrowellenherde kaum noch bezeichnen, so verbreitet und vielbenutzt sind sie. Selbst Kritiker müssen zugeben, daß das nicht nur ein Verdienst der Werbung sein kann. Mikrowellenherde haben sich bewährt: für kleine Portionen, für schnelles Wärmen, Auftauen, Schmelzen – für Berufstätige, Singles und Kinder, bei unterschiedlichen Essenszeiten, um Energie und Abwasch zu sparen.

Das Herz des Herdes ist das Megatron, es erzeugt Mikrowellen, die in das Kochgut eindringen. Die beweglichen Moleküle werden zum Schwingen angeregt, reiben aneinander, dabei entsteht Wärme. Also ganz einleuchtende, harmlose Vorgänge.
Mikrowellen können Metalle nicht durchdringen, sondern werden reflektiert, wandern im Garraum hin und her, können diesen aber nicht verlassen, auch nicht durch die Glastür, weil das eingearbeitete, enge Metallgitter wie eine Sperre wirkt. Was man durch die Türritze spürt, ist nur der Luftzug des Ventilators.
Das wäre also die Wirkungsweise, aus der sich die Handhabung auch ohne Bedienungsanweisung logisch ergibt:

- ✦ Mikrowellen dringen nicht durch Metall! Folge: wir dürfen keine Metallgefäße verwenden. Materialkunde wird zum Haushaltswissen!
- ✦ Auch manches Steingutgeschirr hat metallische Einschlüsse, es gibt Kristallglas mit Bleianteil und natürlich den schmalen Goldrand am Milchtöpfchen.
- ✦ Knisternd und funkensprühend macht sich auch das kleinste Stückchen Alufolie bemerkbar.
- ✦ Nicht mikrowellengeeignet ist auch die Suppe mit echter Goldeinlage, mag sie noch so dekorativ und voll im Trend sein.

- ✦ Mikrowellen dringen in das Kochgut ein, erwärmen es von innen!

Folgen: Es brennt nichts an und alles wird gleichmäßig gar. Allerdings kann es passieren, daß ein Roastbeef innen schneller gar ist als außen. Wer es blutrot möchte, muß nach wie vor die Pfanne nehmen.

- ✦ Mikrowellen bringen nur bewegliche Moleküle zum Schwingen. Folgen: In Porzellan oder anderem Material kann nichts mitschwingen, also bleibt das Kochgeschirr kalt. Eine feine Sache, aber ist das Kochgut sehr heiß, geht natürlich im Laufe der Zeit die Wärme doch durch Wärmeleitung in das Gefäß.
- ✦ Vorsicht also vor Kunststoffbehältern, die sich nicht durch Mikrowellen, aber durch die heiße Suppe verformen.
- ✦ Daß die Gefäße bei kurzen Erhitzungszeiten kühl bleiben, kann auch tückisch sein. Trinkt man unmittelbar nach der Entnahme aus dem Mikrowellenherd eine Tasse Kakao, kann der Tassenrand noch kühl sein, während der Kakao vielleicht kurz vor dem Kochen ist.
- ✦ Dies ist besonders bei Babyflaschen zu beachten: Nicht die Flasche testen, sondern den Inhalt oder warten, bis beides dieselbe Temperatur angenommen hat.

Vorfälle in den USA bestätigen, wie wichtig das Mitdenken und Verstehen ist. Da wurden doch tatsächlich kleine Haustiere nach dem Baden zum Trocknen in den Mikrowellenherd gesetzt. Es schaudert einen bei dem Gedanken, wie die armen Tierchen innerlich zu kochen begannen. Nun läuft eine Klage gegen den Hersteller wegen Lücken in der Bedienungsanweisung.
Kein Hersteller kann ahnen, auf was für absurde Gedanken Benutzer kommen. Umbringen kann man sich schließlich mit jeder Gasflamme oder jedem Küchenmesser, ob mit oder ohne Bedienungsanweisung.

- ✦ Im Mikrowellenherd gibt es keine gefährlichen „Strahlen", sondern Wellen mit Frequenzen ähnlich den Fernsehwellen. Daß diese den Garraum nicht verlassen können, ist übrigens auch eine Forderung der Post, weil sonst das Fernsehen oder der Telefonverkehr gestört würden.

So wie jedes im Betrieb befindliche Gerät ein elektromagnetisches Feld erzeugt, ist natürlich auch eine geringe Leckstrahlung in unmittelbarer Nähe des Mikrowellenherdes nie ganz auszuschließen.

- ✦ Deshalb sollte es selbstverständlich tabu sein – auch für Kinder –, das Näschen an die Scheibe zu drücken und dem Garvorgang über längere Zeit zuzuschauen.

Der Schall

Schall, ein kurzes, hartes Wort, das zum Wecker am Morgen oder zur Autohupe paßt, aber auch zarte Töne, schöne Klänge und Melodien verbergen sich dahinter. Industrie- und Verkehrslärm lassen oft vergessen, daß Schall auch etwas Schönes und Natürliches ist. Die Nachtigall singt herrlich, ohne von Klangfarben und Schwingungen zu wissen, das Meer rauscht seit eh und je, mal stärker, wenn es vom Sturm gepeitscht wird und die Wogen in dichter Folge ans Ufer rollen, mal schwächer, wenn die Dünung leise auf dem Sandstrand aufläuft. Und wir, die Menschen, haben von der Schöpfung zwei wunderbare Geschenke mit auf unseren Lebensweg bekommen, unsere Stimme und unser Gehör – wahre Meisterwerke. Was die moderne Unterhaltungselektronik, was hochtechnische Geräte heute mit dem Schall machen, ist nur eine Verstärkung oder Nachahmung von Vorgängen der Natur.
Dies alles bedenkend, scheint es mir richtig, sich ein bißchen näher mit Schall und Klang, mit Schwingungen und Akustik zu befassen.

Wie Schall entsteht? Welch überflüssige Frage, wird eine schallgeprüfte Mutter sagen. Schallquellen gibt es zur Genüge, und als ob Kinderstimmen nicht laut genug, Kinder nicht erfinderisch genug für originelle Krachquellen wären, sorgen findige Fabrikanten noch mit Vorliebe für

Spielzeug, mit dem man mit geringstem Aufwand Schall höchster Lautstärke erzeugen kann.
Ob nun unsere Kinder, die Natur oder der Mensch mit Dingen, die er geschaffen hat, Schall produzieren, immer ist die Ursache des Schalls, daß ein Medium (Luft oder Materialien) zum Schwingen gebracht wird.

Schwingungen

Die Schaukel – Herz und Hertz

Eine Schwingung ist eine *periodische Bewegung eines Körpers um eine Ruhelage.* Wo können wir Schwingungen wahrnehmen? Das Schwingen des Kochlöffels ist nicht recht typisch (weder periodisch, noch um eine Ruhelage), doch eine Glocke oder ein Uhrenpendel schwingen, und die Membran in der Lautsprecherbox des großen Sohnes vibriert, wenn der gerade „Power" macht.
Ausgesprochen sichtbar ist das Schwingen einer Schaukel. Der höchste Punkt, der in der Magengegend so ein prickelndes Gefühl verursacht, ist der *Umkehrpunkt.* Der Weg von der Ruhelage (unten) zum Umkehrpunkt (oben) ist die *Amplitude.* Als Mutter haben wir schon viele Male hinter einer Schaukel gestanden und den erforderlichen Kraftstoß zum Ausgleich

von Reibung und Luftwiderstand gegeben. Haben Sie mal mitgezählt, wie oft in einer bestimmten Zeit die Schaukel schwingt? Dann hätten Sie nämlich die Frequenz ermittelt (frequentia = Häufigkeit).

✦ Einheit der Frequenz ist das Hertz.

Geehrt wird damit der deutsche Physiker **Heinrich Hertz** (1857–1894), der Miterfinder der Funktelegraphie.
Haben Sie also Ihr Kind *einmal pro Sekunde* zärtlich angestoßen, dann haben Sie dies mit Herz und gleichzeitig mit der Frequenz von einem Hertz getan. Je kürzer das Pendel, desto schneller schwingt das Kind hin und her. Je länger das Pendel, desto länger dauert die Schwingung, und die Amplitude wird größer. Bei einer Kinderschaukel ist dies natürlich begrenzt, wir können unser Kind nicht in den Himmel schwingen und nicht so oft, bis ihm schwindlig wird.
Der Schall schwingt dagegen geradezu unwahrscheinlich schnell.

Frequenzbereich – zwischen Erdbeben und Nachtigall

Hertz	=	Schwingungen pro Sekunde
unter 16 Hertz	=	Infraschall (Erdbeben)
bis 20000 Hertz	=	**Hörbereich des Menschen**
bis 30000 Hertz	=	Hörbereich für viele Tiere: z.B. Fledermäuse, Hunde und Nachtigallen
darüber	=	Ultraschall

Könnten wir mehr als 20000 Hertz hören, müßten wir das Rauschen der Luftmoleküle ertragen.

Wieviel „Hertz“ hat die menschliche Stimme?

Die Sopranistin und der Bariton

Wir besitzen eine wunderbar eingerichtete Produktionsstätte für Schall: Die von unseren Stimmbändern erzeugten Schwingungen werden auf einen Luftstrom übertragen, der in Rachenraum und Mundhöhle, durch Zunge, Zähne und Lippen artikuliert und ausgestoßen wird. Alles ist aufs feinste aufeinander abgestimmt. Eine winzige Veränderung – eine Zahnlücke, eine verschnupfte Nase, ein rauher Hals – genügt, um unsere Stimme zu verändern.

Ob die Stimme sich hoch oder tief anhört, hängt von der Schnelligkeit ab, nicht des Sprechens, sondern wie schnell Schallschwingung auf Schallschwingung folgt (Frequenz):

männliche Stimme zwischen 100 und 300 Hertz
weibliche Stimme zwischen 200 und 600 Hertz.

Verkünden wir der Familie, daß ein leckerer Erdbeerkuchen bereitsteht, hat unsere Stimme vielleicht 400 Hertz, erschrecken wir uns vor einer Maus, kann sich das leicht auf 1000 Hertz steigern, also hoch und schrill sein.
Physikalisch ist eindeutig, daß Männer eine tiefere Stimme haben als Frauen. Auch noch so begabte Sängerinnen können keine Baßpartie übernehmen und für einen bewährten Bariton ist eine Sopranpartie (330–1056 Hertz) genauso unerreichbar.

Unter Gleichberechtigung wird fälschlicherweise sehr oft von „Gleichheit" von Mann und Frau gesprochen. Die Frequenzen der Stimmen sind jedenfalls nicht gleich. Man muß sich überlegen, was man daraus macht, wenn eine Stimme besser für sanfte, zärtliche als für lautstarke, kämpferische Töne geeignet ist.

Geschwindigkeit des Schalls

Im Winter dauert alles länger

Schall breitet sich aus, wir hören ihn über weite Entfernungen. „Er läuft schneller als der Schall." Gibt es das? Natürlich nicht, dazu müßte man in einem Überschallflugzeug „laufen". Aber wie schnell verbreitet sich der Schall wirklich?
Hatten Sie auch einen so einfühlsamen Physiklehrer, der die Messung der Schallgeschwindigkeit an einem herrlichen Sommertag mit einem Ausflug ins Grüne verband? Ungefähr 1 Sekunde dauerte es, bis wir den Pfeifton der 300 m von uns entfernt stehenden Klassenkameraden hörten.

Genaue Messungen ergeben eine Schallgeschwindigkeit von:

300 m pro Sekunde in Luft von −30 Grad
330 m pro Sekunde in Luft von 0 Grad
350 m pro Sekunde in Luft von +30 Grad.

Bei Kälte sind die Luftmoleküle energieärmer, also träger, die Schallfortpflanzung wird langsamer. Folgerichtig könnte es im Winter länger dauern, bis Ihre Kinder auf Ihren Ruf reagieren. Erfahrungsgemäß hängt aber die Reaktionszeit auf das Rufen weniger von der Schallgeschwindigkeit ab als davon, wie interessant gerade das Spiel ist.

Schneller als in der Luft breitet sich der Schall im Wasser aus (1400 m/s) und noch schneller im Eisen (5000 m/s). Im Vakuum – also ca. 150 km über der Erde – kann sich der Schall nicht mehr fortpflanzen, weil ein Übertragungsmedium, z.B. die Luft, fehlt.

Wie breitet sich der Schall aus?

Wellenförmig! Welle ist ein Begriff, der unser Leben begleitet, wir haben Hochs und Tiefs, wir durchleben Hitze- und Kälte-, Reise- und Fitneßwellen.
Werfen wir beim Sonntagsspaziergang einen Stein in einen See, können wir die sich kreisförmig ausdehnenden Wellen beobachten, ist ein Pfosten in der Nähe, werden die Wellen herumgelenkt, stoßen die Wellen an eine Mauer, werden sie reflektiert, kommen sie an ein sandiges Ufer, werden sie geschluckt (absorbiert). Treffen Wellen aufeinander, werden sie verstärkt oder heben sich auf (ruhige Wasserfläche in Ufernähe). Vorsicht! Das ruhige Wasser in Strandnähe ist oft trügerisch. Ich kann mich nicht erinnern, daß aufgekrempelte Hosenbeine je trocken blieben, denn unverhofft kommt dann doch ein „Wellchen“ daher.
Physikalisch versteht man unter Wellen die Ausbreitung eines Zustandes im Raum. Den Unterschied zwischen der Ausbreitung eines Zustandes und der Ausbreitung von Körpern (z.B. eines Heuschreckenschwarms) hat Albert Einstein einmal sehr plausibel erklärt:

> Irgendein Klatsch, der, sagen wir in Washington aufgebracht wird, gelangt sehr rasch nach New York, wenn auch nicht eine einzige von den an der Weitergabe beteiligten Personen tatsächlich von der einen Stadt in die andere reist. Es handelt sich also um zwei verschiedene Bewegungen, um die des Gerüchtes selbst und um die jener Personen, die das Gerücht verbreiteten.

Transversal- oder Querwellen am Beispiel Wasser:
Die Welle breitet sich in einer Richtung aus, aber das Wasser als Medium

bleibt auf der Stelle, schwingt nur mit. Ein Korken hüpft nur auf und nieder. Noch überzeugender ist das Kornfeld, über das der Wind streicht. Durch das Auf- und Niederschwingen der Halme entsteht eine sich ausbreitende Welle, aber die Halme bleiben im Boden verwurzelt.

Longitudinal- oder Längswellen am Beispiel Schall:
Hier deckt sich die Welle mit der Bewegungsrichtung der Partikel. Die Luftverdichtungen und -verdünnungen verlaufen in Wellenrichtung des Schalls.

Akustik – Klangwirkung eines Raumes

Um es gleich zu sagen, bei der Planung der Küche verschwendet niemand auch nur den geringsten Gedanken an eine gute Akustik. Darum wirkt es so gräßlich, wenn mal wieder zischend die Spaghetti überkochen oder das Fleisch so stark brutzelt, daß man den Wetterbericht nicht versteht. Das teuerste Radio, der klangvollste Lautsprecher lohnen nicht: Die gefliesten Wände, die glatten Schränke, der blanke Fußboden, alles reflektiert.
Die reflektierten Schallwellen mischen sich mit den auftreffenden, und jede Melodie wird verzerrt, klingt schrill. Um den Schmelz der Stimme Placido Domingos zu genießen, gehe man lieber ins Wohnzimmer. Was ist hier anders? Jedenfalls üblicherweise anders? Teppiche, Gardinen, Tapeten, Tischdecken, Polstermöbel, alles dämpft und führt zu einer günstigeren Nachhallzeit. Vorteilhaft ist es, mit Flächen, die den Schall absorbieren (aufsaugen), und Flächen, die reflektieren (abstrahlen), abzuwechseln. Wirkt die Lieblingsmusik des Herrn Gemahls zu dumpf und er wünscht, daß die so gemütliche, mit schweren Samtgardinen behängte Fensterfront geändert wird, hilft es vielleicht, die Vorhänge während der Musikstunde teilweise aufzuziehen. Die glatten Fenster mit geringer Absorption sorgen für Ausgleich. Gegen das Ansinnen, den ganzen Raum mit akustisch optimalen Platten auszustatten, sollte man sich energisch zur Wehr setzen und lieber zu Kopfhörern raten.
Viele Dinge lassen sich genau vorherberechnen, die akustische Wirkung nur bedingt. Darum fiebern die Erbauer von Konzertsälen der ersten Orchesterprobe entgegen, bei der sich zeigt: Ist die Akustik gelungen oder nicht?
Wahre Akustik-Künstler waren die Erbauer alter Kirchen, in denen ohne jede Verstärkung der Prediger auch hinter Säulen und in Nischen zu hö-

ren ist. Oft ist ein kunstvolles Dach über der Kanzel zu bewundern, es dient nicht als „Dach" (wozu auch?), sondern als Schalldeckel und verstärkt die Stimme des Predigers. Als es noch keine Verstärkeranlagen gab, mußte man sich schon was einfallen lassen. Da wurden vor 2000 Jahren Amphitheater für Zehntausende von Menschen gebaut, in denen man auf allen Plätzen ohne Verstärker die Stimmen der Darsteller gut hören konnte. Ein einzigartiges Beispiel dafür ist das heute noch existierende Theater in Epidaurus.

Der Tenor in der Badewanne

Während im Freien die Stimme in der Ferne verklingt, wird sie im engen Bad mit rundum reflektierenden Flächen eingefangen und mehrmals zurückgeworfen, so daß das männliche Geschlecht hier eine ungeahnte Stimmfülle entwickeln kann. „Er" selbst hört sich noch stimmgewaltiger, da besonders die Schallwellen niedriger Frequenz ohne den Umweg über Mund – Ohrmuschel durch die Knochen direkt zum Ohr übertragen werden. Wir alle – auch wenn wir nicht in der Badewanne sitzen – hören uns viel klangvoller und sind oft enttäuscht, weil uns unsere Stimme in einer Aufnahme viel ausdrucksloser vorkommt.

Das Echo

Echowände sind etwas Originelles, und es gibt sie häufig. Wir müssen nicht unbedingt zu dem sprechenden Fels fahren, in den der Sage nach eine griechische Nymphe verwandelt worden ist, und auch nicht zum Königssee, um ein schönes Echo, einen verzögerten Widerhall des von uns ausgerufenen mehr oder weniger sinnvollen Satzes zu hören.
Eine Bedingung muß jedoch erfüllt sein: Wir dürfen nicht näher als 17 Meter an der Echowand stehen, weil wir ohne zeitlichen Abstand zwischen dem von uns ausgestoßenen und reflektierten Schall die beiden Schallwellen mit unserem Gehör nicht unterscheiden können.

Der Fisch gibt stumme Signale

Die Reflexion wird im Echolot genutzt. Daraus, wie lange ein im Wasser nach unten gesendeter Ton braucht, bis er vom Meeresboden reflektiert wird, läßt sich die Meerestiefe berechnen. Bei Aussendung in andere Richtungen läßt sich aus dem Echo auf reflektierende Gegenstände (Felsen, Eisberge, Schiffe) schließen und – das ist für uns Hausfrauen interessant – auch ein paar Tonnen schwimmender Schellfisch reflektieren den Schall. Werden große Fischschwärme geortet und viele Fische gefangen, sinkt der Preis, unsere Haushaltskasse wird geschont – dank Echolot.

Gibt es die völlige Absorption?

Ja – mit stark schallschluckenden Materialien läßt sich die Absorption eines Raumes so erhöhen, daß er praktisch schalltot ist. Völlige Ruhe – herrlich! Wie ich hörte, ist das nicht so! Man braucht stärkere Nerven, um diese unheimliche Stille zu ertragen, als um in einem Kindergarten zu arbeiten. Wir sind an Geräusche gewöhnt, das Gar-nichts-mehr-Hören ist gespenstisch. Und der eigene Herzschlag, der sich über das Innenohr überträgt, wirkt nicht unterhaltsam, sondern eher beängstigend.

Interferenz (Auslöschung)

Kein Verlaß auf stille Kinder

Am Strand treffen sich die vom Meer kommenden Wellen mit den vom Strand reflektierten. Haben diese Wellen die gleiche Frequenz und trifft Wellenberg auf Wellental, gibt es keine Welle mehr. Diese Auslöschung (Interferenz) tritt ebenso bei Schallwellen derselben Frequenz und bei gleichzeitiger Phasenverschiebung auf. Sie ist in der Akustik wichtig, im normalen Sprachbereich dagegen kaum zu bemerken. Selbst wenn zwei Menschen sich über denselben Gegenstand streiten, genau entgegengesetzter Meinung sind und beide mit gereizter (hochfrequenter) Stimme diskutieren, gibt es keine Auslöschung, sondern eine unangenehme Lautstärke.

Auch wenn Sie aus dem Kinderzimmer nichts mehr hören, würde ich nicht an eine Interferenz glauben. Meist haben Kinder dann zwar dieselbe Frequenz, aber nur der Gedanken, und wenn diese in der Stille in die Tat umgesetzt werden, dann bedeutet das meist nichts Gutes, jedenfalls aus der Sicht der Erwachsenen.

Die Resonanz

Wenn der Küchenschrank musikalisch wird

Resonanz herrscht dann, wenn ein schwingungsfähiger Körper von einem anderen schwingenden Körper ins Schwingen gebracht wird und wenn die Frequenzen beider Körper gleich sind. Hört sich das nicht nach einem Hauch von Erotik an? Das kann doch nicht Physik sein? Nun, die Physik versteht unter Körper „beileibe" nicht nur den menschlichen. Auch zentnerschwere Gußstahl-Kirchenglocken sind Körper, und sie können durch ein Seil mit einem verhältnismäßig geringen Kraftaufwand ins Schwingen gebracht werden, wenn das Seil in der richtigen Frequenz bewegt wird, sich in Resonanz zur großen Glocke befindet. Jeder Glöckner oder Mesner kennt „seine" Glocke und findet den richtigen Takt.
Wodurch erreicht eine Geige eine so große Klangfülle? Durch den Resonanzboden.
Auch eine Mutter, Ehefrau oder Freundin ist gewissermaßen ein Resonanzboden. Die Seele schwingt mit, wenn die Lieben Kummer oder Freude mit in die häusliche Welt bringen.
Selbst etwas so Prosaisches wie ein dickbauchiges Rotweinglas ist ein schwingungsfähiger Körper. Ein Party-Künstler erzeugt, mit feuchtem Finger am Glasrand kreisend, Töne wie Sphärenmusik. Diese Resonanzschwingungen sind mit der Zungenspitze fühlbar oder, wenn das Glas gefüllt ist, an den sich bildenden Wein-Wellen sichtbar. Wenn die Wellen gar zu kleinen Wassersäulen ansteigen, ist es an der Zeit, den Künstler zu stoppen.

Suchen Sie nach einer Ursache, wenn es im Küchenschrank klirrt? Meist ist es ein Tellerstapel, der freudig mit einem Aggregat, z.B. dem des Gefrierschranks, mitschwingt.
Eine Opernsängerin, die lange denselben hohen Ton singt, kann ein Glas zum Zerspringen bringen, und als 1988 die Wiener Sängerknaben in Australien auftraten, standen ihre hohen Stimmen in Resonanz zum Konzertsaal, so daß Putzflächen von der Decke stürzten. Bei dem Pink-Floyd-Konzert 1989 in Venedig war es aber wohl nicht die Resonanz, sondern eher die Schalldruckwelle der aufgedrehten Lautsprecher, die die Gebäudeschäden verursachte.

Auch Schwingungen außerhalb des Hörbereichs verursachen Resonanzen: Bekannt ist der Einsturz einer Brücke durch im Gleichschritt mar-

schierende Soldaten oder Fundamentschäden durch Waschmaschinen, wenn sich ohne isolierende Gummifüße die Schwingungen bei der kritischen Drehzahl voll auf den Boden übertragen.
Nicht wegen der Physik, sondern weil es lustig ist, noch ein „Versuch" von Studenten. Durch gleichmäßige Reibbewegungen hatten sie eine Schaufensterscheibe so zum Schwingen gebracht, daß sich durch die Luftwellen auch die herrlich dekorierten Puppen rhythmisch bewegten und samt Regenschirmen und Federhüten zu Boden gingen.

Unser Ohr – ein Wunderwerk

Schallwellen regen ein schwingungsfähiges Medium an, beim Ohr das Trommelfell, das die Schwingungen an das Innenohr weiterleitet. Dort werden die Schallwellen umgesetzt und anschließend vom Gehirn als Sprache interpretiert.
Wir können nicht nur „hören", sondern die **Schallquelle auch orten**. Spielen wir mit einem Kleinkind Verstecken, dann wissen wir zwar sowieso, daß es hinter dem Sofa sitzt (weil es sich immer dort versteckt), lassen es aber trotzdem Piep sagen. Das Kinderstimmchen kommt eindeutig vom Sofa. Daß wir dennoch erst unter dem Tisch und im Schrank suchen, dient nur der Freude des Kindes.

Ein Polizist dagegen, der mit einem Verbrecher nicht zum Spaß Fangen spielt, erkennt, ob das Geräusch oder der Klang der Waffe *von vorne oder hinten* kommt. Warum? Weil der von vorne kommende Schall direkt in das Ohr dringt, der von hinten kommende Schall zunächst auf die Ohrmuschel trifft und das Ohr einen Schallschatten registriert. Danach müßten Menschen mit stark abstehenden Ohren eine noch zuverlässigere Schallorientierung besitzen. Ob es so ist?
Ebenfalls nehmen wir wahr, ob ein *Ton von rechts oder links* kommt. Wegen der Entfernung von rund 20 cm zwischen unseren Ohren wird der Schall, wenn er beispielsweise von rechts kommt, vom rechten Ohr früher aufgenommen und diese Rechts-Empfindung an das Gehirn weitergeleitet. Zudem ist der, wenn auch ganz geringfügig, links später eintreffende Schall vom Schallschatten des Kopfes beeinflußt. Wie man für Stereoaufnahmen zwei Mikrofone braucht, sind auch für stereophones Hören beide Ohren notwendig. Halten wir uns ein Ohr zu, geht die Stereophonie, die Rechts- und Linksunterscheidung, verloren.
Bei Politikerrunden im Fernsehen wird offensichtlich, daß es je nach Person erhebliche Abweichungen bei der Entfernung von einem Ohr zum anderen gibt. Hörmäßig müßte sich das auch auf das Rechts- und Linkshören auswirken! Ob das bei der Sitzordnung im Parlament berücksichtigt wird?
Selbst ob ein Ton von *nah oder fern* kommt, können wir unterscheiden, und was unser Ohr noch kann: *Geräusche filtern.* Aus einem Geräusch-Gemisch hören wir das für uns Wichtige heraus, z.B. die Stimme unseres Kindes.

Schallstärke – Lautstärke

Objektiv – subjektiv

Besteht ein Unterschied zwischen Schall- und Lautstärke? Ja! Die **Schallstärke** kann als objektive Größe mit Schallpegelmessern technisch relativ einfach gemessen werden. Sie wird in Dezibel (dB) angegeben.

Die **Lautstärke** gibt an, wie laut Schall vom Gehör empfunden wird, und das ist nicht nur von der Schallstärke, sondern auch von der Frequenz abhängig. Das menschliche Ohr empfindet nämlich hochfrequente, also helle Töne lauter als tiefe, auch wenn beide dieselbe Schallintensität haben. In wissenschaftlicher Kleinarbeit wurde auf der Grundlage eines

1000-Hertz-Tons (größte Hörempfindlichkeit des Ohrs) eine Vergleichstabelle aufgestellt. Die auf das Gehör bezogene subjektive Lautstärke wird mit **Phon** bezeichnet.

Neuere Meßgeräte geben einen *gerichteten* Schallpegel an, der die unterschiedlichen Frequenzen nach genormten Bewertungskurven berücksichtigt. Die Angabe 26 dB(A) bedeutet, daß es sich um einen nach der DIN-Bewertungskurve A gerichteten Schallpegel handelt.

Zwischen Blättersäuseln und dem Salut einer Kanone

Der Bereich vom Beginn des Hörens bis zur Schmerzschwelle wurde in 130 Phon eingeteilt.

Wenn wir gar nichts hören, dann herrschen	0 Phon
An einem ganz ruhigen Fleckchen Erde (das soll es ja noch geben) lauschen wir dem leisen Säuseln der Blätter	20 Phon
Wir flüstern im sonst ruhigen Zimmer, um den Schlaf des Babys nicht zu stören	30 Phon
Leise spielt Radiomusik, man unterhält sich normal	40 Phon
Wir treffen eine Bekannte auf einer Geschäftsstraße, der Straßenlärm, gegen den wir ansprechen	50 Phon
Unsere Tochter hört die Hitparade (nach ihrer Auffassung in Zimmerlautstärke) Mit dem Staubsauger älterer Bauart schaffen wir ebensoviel	60 Phon
Freitag nachmittag, gereizte Autofahrer, Kreuzung	70 Phon
Das Gewitter kommt näher, der Donner grollt	80 Phon
Das Entwässerungsrohr ist verstopft, der Boden muß mit dem Preßlufthammer aufgebrochen werden	90 Phon
Ein Motorrad rast vorbei	100 Phon
Beim Margeritenpflücken auf dem Flugplatz startet neben Ihnen eine Maschine	110 Phon
Besuch auf einem Truppenübungsplatz, zur Begrüßung wird ein Geschütz abgefeuert	120 Phon
Es wird noch lauter, Sie reißen die Hände hoch, das Ohr schmerzt	130 Phon

Verbindlich ist diese Phoneinteilung nicht, weil die Empfindung der Lautstärke von vielen subjektiven Faktoren abhängt, z.B. davon, ob man müde ist, ob man krank ist, ob man gegen das jeweilige Geräusch eine Abneigung hat usw.

120 Phon, also kurz unterhalb der Schmerzgrenze, beträgt die durchschnittliche Lautstärke eines Rockkonzerts. Bei ungünstiger Position zu den Lautsprechern können nur noch Ohrstöpsel das Gehör schützen.

✦ Hört man nach Ende des Konzerts noch Geräusche oder hat man ein Taubheitsgefühl, muß sofort der Arzt aufgesucht werden.

✦ Auf den Eintrittskarten sichern sich die Veranstalter mit der Klausel ab: „Jede Haftung für eventuelle Hörschäden ist ausgeschlossen.“ Das wird seinen Grund haben!

Kann sich das Gehör vom Rockkonzert wieder erholen, führt jedoch das tägliche Hören lauter Musik im Walkman nach Meinung von Experten in einigen Jahren zu irreparablen Hörschäden. Neuere Untersuchungen der Physikalisch-Technischen Bundesanstalt in Braunschweig haben bei leistungsstarken Kopfhörern einen Ausgangsschalldruckpegel von 110 Dezibel ergeben. Wir Erwachsenen glauben das gern, aber wie macht man es unseren Jugendlichen klar?

Warum man im Alter die Grille nicht mehr hört

Was kleine Kinder an schrillen Tönen zustandebringen und noch als schön empfinden oder was junge Leute in einer Diskothek auszuhalten vermögen, ist für einen älteren Menschen schlicht und einfach unerträglich. Sind etwa Kinder schwerhörig und haben ältere Menschen ein besseres Gehör? Nein. Aber einmal ist das Lautstärkeempfinden subjektiv, was man nicht mag, das stört, zum anderen nimmt das Hörvermögen nur in einem bestimmten Bereich ab. Mit zunehmendem Alter wird das Trommelfell härter, die Gelenke der „Inneneinrichtung" (Hammer, Amboß, Steigbügel) werden steifer. Darum können die Gehörknöchelchen die schnellen Schwingungen bei hoher Frequenz nicht verarbeiten. So wie es ältere Marathonläufer, aber keine älteren Sprinter gibt.

- Bei Frequenzen von 18000 Hertz beträgt das Hörvermögen mit 30 Jahren nur noch 50%,
- mit 40 Jahren nur noch 25%, und mit
- über 50 Jahren hört man diese Töne überhaupt nicht mehr.

Die Grille an warmen Sommerabenden kann man sich also im Alter meistens nur noch in der Erinnerung vorstellen. Dagegen bleibt im alltäglichen Hörbereich (bis 8000 Hertz) das Hörvermögen sehr lange erhalten.

Schall ein Kunstgenuß – auch für Wilhelm Busch?

Musik wird störend oft empfunden,
dieweil sie mit Geräusch verbunden.

So sagte schon Wilhelm Busch, und er kannte die heutige Popmusik in ihrer vollen Lautstärke noch nicht.

Musikerzeugung, das hat mit Physik zu tun, aber die Physiker- und die Musikersprache unterscheiden sich.
Die Physik (Akustik) teilt streng nach DIN ein, da ist ein *Ton* eine reine Sinusschwingung – mit dem Tongenerator erzeugt –, während die Musik auch einen Flötenton so bezeichnet. Für die Physiker ist aber auch das reinste „c" auf der Flöte kein Ton, sondern ein Klang, denn alle Instrumente erzeugen zu jedem Ton auch Obertöne, sonst könnte man das „c" auf der Flöte nicht von dem „c" auf der Klarinette unterscheiden.
Für Musiker ist ein Klang erst das Zusammenwirken mehrerer Töne (z.B. Dreiklang).
Wie dem auch sei, bei Mißklang (Dissonanz), Wohlklang (Konsonanz) und Harmonie ist man sich wieder einig. Was der Musiker hört, kann der Physiker berechnen:

Harmonie herrscht dann, wenn die Frequenzen der Teiltöne in einem ganzzahligen Verhältnis zueinander stehen (300 Hertz – 600 Hertz – 900 Hertz).
Eine große konsonante Terz liegt für den Physiker vor, wenn das Tonintervall ganzzahlig im Verhältnis 5:4 ist, z.B. 550 Hertz : 440 Hertz.

Warum noch ins Konzert gehen?

High Fidelity ist in unsere Wohnzimmer eingezogen. Bequem im Sessel sitzend können wir hören, was uns gefällt, und dazu in ausgezeichneter Qualität von den besten Orchestern der Welt. Warum nehmen wir trotzdem in Kauf, nach Karten anzustehen, mühsam einen Parkplatz zu suchen, nur um die Wiener Philharmoniker anzuhören? Ganz einfach, weil die Dynamik eines Orchesters auch durch modernste Unterhaltungselektronik nicht wiederzugeben ist. Die Dynamik, also der Unterschied vom Pianissimo einer Geige zum Fortissimo einer Pauke sind etwa 70 dB. Was man im Rundfunk hört, ist vergleichbar dem, was man durch das Schlüsselloch eines Konzertsaals erlauscht.

Wird es mit jeder Trompete lauter?

Glücklicherweise vervielfacht sich die Lautstärke nicht mit der Anzahl der Instrumente, sonst wäre ein Blasorchester nicht zu ertragen. Angenommen, eine Trompete habe die Lautstärke von 50 Phon, dann haben 5 Trompeten nicht 250 Phon (das Doppelte der Schmerzgrenze), sondern die Lautstärke erhöht sich nur ungefähr mit Logarithmus 2, also um 7 Phon auf 57 Phon.
Aber dann passiert noch etwas: Die Instrumente haben ja nicht alle dieselbe Frequenz, und bei einem Frequenzgemisch geht die Summenwirkung zurück. Bei einem Orchester wird die Lautstärke vom lautesten Teilton bestimmt; was wesentlich darunter liegt, trägt nicht mehr zur Erhöhung der Lautstärke bei, auch wenn die leise Harfe ein wahrer Kunstgenuß sein kann.

Schallempfang und Schallaufzeichnung – technisch

Techniker gehören zu den größten Bewunderern des menschlichen Gehörs und haben viel geleistet, um dies technisch nachzubilden. Als Ersatz für das Ohr gibt es immer kleinere Mikrofone in immer besserer Qualität.

Was das Mikrofon aufgenommen hat, wird in komplizierten Vorgängen umgesetzt, weitergeleitet, verstärkt und wiedergegeben oder aufgezeichnet. Konnte Edison, als er 1878 den ersten Phonographen erfunden hatte, ahnen, was es einmal für Aufzeichnungsmöglichkeiten geben würde? Daß Schall nicht nur auf der mechanisch bearbeiteten Schallplatte aufgezeichnet werden kann, sondern auch magnetisch auf Tonbändern oder Cassetten, optisch auf Tonfilmen und nun sogar digital, mit einem Laserstrahl abzutasten, auf Compact Disc? Dabei ist die Technik uns voraus. Was sie speichert, bleibt erhalten, unser Gehirn hat da manchmal seine eigenen, meist subjektiven Methoden.

Auch Hörgeräte enthalten Mikrofone. Während ältere Geräte alle Nebengeräusche im selben Verhältnis verstärkten (Stimmengemurmel, Straßenlärm) und es für die Benutzer eine rechte Qual war, erlauben neuere Hörgeräte mit stereophonen Mikrofonen ein Differenzieren der Schallquellen und damit ein Filtern der Geräusche.

Der Schall als Mitfahrer

Die Geschwindigkeit des Schalls beträgt im Mittel 330 m/s. Für 100 km braucht der Schall also ca. 5 Minuten. Sonnenklar, daß das Zeitsignal des Rundfunks nicht mit Schall-Geschwindigkeit oder besser Schall-Langsamkeit zu uns kommen kann. Hier leistet die Technik Großartiges. Die niederfrequenten Schallwellen im Hörbereich (Sprache oder Instrumente) werden in den Rundfunkstationen auf hochfrequente elektromagnetischen Wellen aufmoduliert und sozusagen mit diesen auf die Reise geschickt, so wie auch die Menschen nicht zu Fuß um die Erde wandern, sondern sich schnellere Verkehrsmittel nehmen. Fast mit Lichtgeschwindigkeit kommen die neuesten Nachrichten in unserem Radiogerät an.
Nun gibt es nicht nur einen Sender, sondern weltweit eine so große Zahl von Rundfunk- und Fernsehsendern, von Funkamateuren, Schiffsfunkstationen, Polizeifunksendern usw., daß, wären alle Wellen sichtbar, wir vor lauter Wellenlinien den Himmel nicht mehr erkennen könnten. Wie

ein Wunder kommt es mir vor, daß unsere Antenne und unser Radiogerät das ganze Wellendurcheinander wieder säuberlich trennen und in hörbaren Schall verwandeln.
In internationalen Abkommen wurde ein Wellenplan erarbeitet, der den Sendern Frequenzbereiche zuteilt. Erschwerend kommt aber hinzu, daß jeder Sender noch unterschiedliche Frequenzen braucht, denn die Reichweite hängt von der Wellenlänge, also von der Frequenz, ab. Ein Sender will ja nicht nur die Bewohner rund um die Sendeanlage versorgen, sondern auch oder gerade die in der Ferne. Dies wäre ganz einfach, wenn die Erde eine große flache Wiese wäre und die lieben Menschen überall sitzen und warten würden, was der WDR Köln über die Parlamentsdebatte zu berichten hat. Doch die Realität ist anders. Die Erde ist eine Kugel, und wenn die Rundfunkwelle sich nicht krumm macht, landet sie im Nichts. Außerdem gibt es Gebirge, Häuser und andere Hindernisse, die die Wellen umlenken, verschlucken oder behindern.
Deshalb finden wir auf unserem Rundfunkgerät die Bezeichnungen Lang-, Mittel-, Kurz- und Ultrakurzwelle.
Eine große Reichweite von über 10000 km haben Langwellen. Wie kommt es, daß Kurzwellenamateure nachts, statt ordentlich zu schlafen, 20000 km um die halbe Erde funken und gebannt in ihre Kopfhörer lauschen? Das verdanken sie dem Himmel. Dort gibt es die Heavisideschicht,

die Rundfunkwellen reflektiert, und die sich in der Nacht, wenn die ionisierende Sonneneinstrahlung fehlt, weiter nach oben verlagert. Dadurch werden die Wellen von einer größeren Höhe reflektiert und gehen im großen Zickzack um die Erde.

Der Satellit

Große Ohren, nicht nur im Märchen

Im Oktober 1957 war es, als weltraumbegeisterte Männer so gebannt auf den Piepton des Sputnik I hörten, wie ein Vater auf den ersten Schrei seines Babys. Und aufgeregt wurde einige Jahre später vom dunklen Garten aus der nächtliche Himmel beobachtet, um nur ja den ersten sichtbaren Satelliten bei seiner Bahn über Deutschland nicht zu verpassen. Inzwischen geht es um unsere Erde herum zu wie auf einem Rummelplatz, die merkwürdigsten Gebilde tummeln sich auf verschiedenen Bahnen.
Im Satellitenzeitalter müssen wir nicht mehr warten, bis Filme von der Olympiade per Flugzeug nach Deutschland gebracht werden, via Satellit

sind wir life dabei, und via Satellit können wir auch mit dem großen Sohn telefonieren, wenn er gerade die Maoris in Neuseeland erforscht. Die Verbindung zu unseren Antipoden geht auf und ab (Bodenstation-Satellit-Bodenstation – zweiter Satellit – Bodenstation). Trotz Übertragung mit Lichtgeschwindigkeit gibt es eine kleine, den Gesprächsfluß hemmende Pause durch diesen weiten Weg und Umweg über die Satelliten. Aber was ist das schon? Bei einer direkten Schallübertragung – natürlich ist sie nicht möglich – würde ein Gruß rund 20 Stunden brauchen, weil der Schall sich nun mal 3 Sekunden Zeit für einen Kilometer läßt.
Übrigens werden demnächst auch beim Telefon nicht mehr die modulierten Schallschwingungen weitergeleitet, sondern unsere Stimme wird digitalisiert, d.h. es wird nicht der Ton übertragen, sondern eine Zahl, die am Ort des Empfängers angibt, in welcher Frequenz und Lautstärke der entsprechende Ton wieder erzeugt werden soll (wie bei einer CD). Jedes nette Wort per Telefon wird also zu einer Zahlenreihe aus Nullen und Einsen. Der Vorteil: Akustische Störungen werden verhindert, und es können mehr Gespräche gleichzeitig geführt werden.
Sollte es Sie mal nach Oberbayern in die Nähe von Weilheim verschlagen, ist die Satellitenstation Raisting mit dem „Deutschen Satellitenmuseum“ einen Besuch wert. Inmitten herrlicher Landschaft, umgeben von Feldern und weidenden Kühen, stehen, wie riesige, halbaufgeklappte Pilze, die Parabolantennen und fangen die lautlosen Signale der Fernmeldesatelliten auf. Oder hört man nicht doch ein leises Summen? Vibriert nicht die Luft ein wenig von den Tausenden Telefongesprächen und Übertragungen, die vom Himmel kommend auf die Antennen, die großen Ohren der Technik, gerichtet sind, empfangen und weitergeleitet werden? Ich war ganz angetan von dem Gedanken, was alles sich da an Schicksalen um mich herum abspielt. Natürlich stammte das leise Summen nur von den Geräten der Bodenstation, mit unseren Ohren können wir keine elektromagnetischen Wellen hören, so wie wir auch nichts von den Fernsehwellen spüren, nicht das kleinste Bild sehen, wenn wir unmittelbar neben unserer Fernsehantenne stehen, höchstens den Wind, der auf dem Dach weht, spüren wir.

Nicht hörbar und doch Schall

Der Ultraschall

Ebenso unhörbar wie Fernseh- und Rundfunkwellen ist der Ultraschall (über 30000 Hertz). Wozu braucht man ihn?
Die größte Bedeutung hat er in der Medizin. Weitverbreitet zur Diagnostik ist das Ultraschallgerät, das viele Röntgenuntersuchungen mit ihren Risiken entbehrlich macht.
Eine werdende Mutter braucht zwar ein bißchen Phantasie, um sich unter dem auf dem Bildschirm sichtbaren strampelnden Etwas ein süßes Baby vorzustellen, aber auch für den angehenden Vater ist es ein großes Gefühl, das, was da heranwächst, schon zu sehen.

- In der Therapie wird die Wärmewirkung des Ultraschalls genutzt.
- Eine Nachahmung der Natur, nämlich des Orientierungssinns der Fledermäuse, ist das Ultraschallgerät für Blinde, mit dem sie Hindernisse bemerken und dadurch sicherer gehen können.

Für den Haushalt gibt es noch kein praktisches Ultraschallgerät, obwohl ich manchmal neidisch auf den Optiker schaue, wenn der die Brille so mühelos bis in die kleinsten Poren reinigt. Für solche Tiefenreinigung gäbe es auch in der Küche Anwendungsmöglichkeiten.

Pause

Plauderei über den „Einfraubetrieb“ Haushalt

Was tun wir in einer Theaterpause? Wir sprechen über das Stück, über die Schauspieler, beobachten andere Zuschauer oder erfrischen und entspannen uns. Bis zum Ende der Pause sind wir gewissermaßen frei. Und frei von Überschriften möchte ich noch ein wenig über mein Lieblingsthema Hausfrau und Physik „plaudern“.

In der Physik laufen alle Vorgänge rationell ab, und damit gleicht sie uns Hausfrauen. Auch wir arbeiten mit System! Oder haben Sie schon mal zuerst die Betten gemacht, alles ordentlich geradegezogen und dann das Bettzeug wieder heruntergerissen, um die Laken zu wechseln? Natürlich nicht. Bei den Behörden gibt es das. Erst wird die Straße sorgfältig gebaut, asphaltiert, großzügig mit Verkehrsschildern ausgestattet, und dann? Dann beginnt man, Kabel zu verlegen, die Straße ist wieder eine Baustelle. Endlich! Alle Gräben sind zugeschüttet, mit Belägen versehen, die Warnlampen abtransportiert, und was kommt dann? Sie haben es erraten bzw. aus Erfahrung gewußt: Der neue Bautrupp rückt an, vielleicht um die Wasserrohre auszuwechseln? Es wußte wohl einer nichts vom anderen. Bei unserem „Einmannbetrieb“ Haushalt (treffender „Einfraubetrieb“) kann man sich so eine Zeit- und Energieverschwendung natürlich nicht leisten.

Sie merken, das ist jetzt Pausengeplauder. Ich möchte nur – man kann es nicht oft genug tun – auf das Interessante der Hausarbeit hinweisen.

Nehmen Sie zum Beispiel den Vorgang des Eierkochens. Wieviel Physik steckt in dieser einfachen Handlung: Zunächst pieken wir das Ei an, damit die Luft entweichen kann, die sich bei Wärme ausdehnen und das Ei zum Platzen bringen würde. Dann legen wir das Ei ins **kochende** Wasser, damit Temperatur und zugefügte Wärmemenge konstant bleiben. In einem chemischen Prozeß verwandeln wir nun den flüssigen in den festen Aggregatzustand. Ein mehr psychologisches Problem: Wann hat ein Ei die richtige Härte? In meiner Familie sind die Ansichten darüber sehr verschieden, und ich hörte von Freunden, daß von der Konsistenz des Frühstückseis auch schon mal der Ehefrieden abhängen kann. Die gewünschte Festigkeit zu kennen und die einmal getestete Kochzeit künftig mit Hilfe der Stoppuhr einzuhalten, reicht nicht aus. Weitere Faktoren sind nämlich:

> die Frische der Eier, die Dicke und Dichte der Schale, der Durchmesser und – so merkwürdig es klingt – das Wetter.

In kaum einem Kochbuch wird erwähnt, daß bei Hochdruck das Wasser später, also erst bei über 100 Grad siedet, wodurch das Ei mehr Energie erhält und nach 5 Minuten härter ist als das bei niedrigerem Luftdruck und tieferem Siedepunkt gekochte Ei. Ist das Ei trotz komplizierter Wärmezufuhr so wie es sein soll, hören die Schwierigkeiten nicht auf. Die Schale muß vom Ei, aber wer kann sie anfassen? Unsere Tochter hat uns hierfür ein Häkelwerk präsentiert, das wie Eierwärmer aussieht, aber äußerst praktische „Eiertopflappen" sind. Übrigens, Eierwärmer, da geht es mit der Physik weiter. Seien Sie vorsichtig mit Eierwärmern aus Styropor. Sie isolieren so gut, daß das Ei in seiner eigenen Wärme weiterkocht und später meist schnittfest den Eierwärmer verläßt.

Ein fundamentales Prinzip der Physik ist die Sparsamkeit. Deshalb ist in der Natur die Kugelform so häufig, weil sie die geringste Oberfläche und damit den geringsten Energiebedarf für die Oberflächenspannung hat. Auch diese Eigenschaft haben viele Hausfrauen mit der Physik gemeinsam (nicht die Kugelform, sondern die Sparsamkeit!).

Was bringen uns die Gemeinsamkeiten? Verhält sich die Physik partnerschaftlich? Ja, es wurde mehrfach angesprochen. Aber aus der Kombination von Physik und Technik wüßte ich noch einiges:
Wäre ein Aufräumroboter zu realisieren? Flink müßte er durch die Wohnung sausen und alles, was die lieben Kleinen oder auch der Ehemann (oder wir selbst) mal so eben aus der Hand gelegt haben, an den richtigen Platz befördern. Vom Mechanischen aber abgesehen, kann ein Ding wirklich soviel Hirn haben, zu wissen, wem diese Haarspange gehört oder der Bleistift unter dem Sofa, das Taschenbuch in der Sesselritze, die Murmel hinter dem Tischbein? Was eine Mutter selbstverständlich weiß, müßte dem Roboter erst einprogrammiert und ständig aktualisiert werden. Wohl doch zu kompliziert?
Während der elektronische Herd fast realisiert ist, vermisse ich den denkenden Staubsauger, der ohne uns durch die Räume rutscht, zielstrebig den Schmutz einsaugt und dabei auch selektiert, also die kleinen Legosteine, das Minizubehör von Playmobil, die Perlen der zerrissenen Kette ordentlich in die richtigen Kisten ausleert.
Außerdem gibt es nicht nur „Staub zu saugen“, da rutscht auch mal eine Limoflasche aus der Hand, ein Limo-Scherben-Gemisch ergießt sich auf den Boden. Auch für das Eis, das vom Stiel flutscht oder für die Spaghetti-Portion, die samt Teller vom Tisch glitt, ist unser herkömmlicher Staubsauger ungeeignet. Ach, wenn man einen praktischen Allessauger hätte.
Nicht schlecht wäre auch ein Verpackungslöseautomat. Was ausgetüftelte Maschinen in Fabriken einpacken können, müßte doch umgekehrt auch wieder maschinell „entpackt“ werden können?
Kurzzeitmesser und Wecker, deren Summton oder Big Ben zu einem bestimmten Zeitpunkt ertönt, gibt es genug. Was aber, wenn man nicht vorher weiß, wann bei den Rouladen das Kochen aufhört und das Anbrennen anfängt? Ein Anbrenn-Signal-Wecker mit Geruchssinn müßte her.

Das alles war natürlich nicht so ernst gemeint. Zum Klagen haben wir Frauen von heute keinen Grund. Aber wissen möchte ich schon, ob die Wissenschaft sich nicht doch ein bißchen mehr mit der Küche der Astronauten als mit der von uns gewöhnlichen Hausfrauen beschäftigt.

Jetzt ist die Pause aber längst vorbei, und weiter geht es mit unserer physikalischen Reise durch den Haushalt.

Licht, Lampen, Beleuchtung

„... alle Wesen leben vom Lichte,
jedes glückliche Geschöpfe ...“
(Schiller)

Was wissen wir vom Licht? Daß die Sonne uns tagsüber versorgt, daß es mondhelle Nächte gibt, die Sterne wunderbar glänzen, und ansonsten gibt es ja die Lichtschalter. Eine Drehung oder ein kleiner Druck, und schon erstrahlen unsere Räume. Für Straßenbeleuchtung sorgen die Gemeinden und unser Auto hat Lampen zum Parken und für die Ferne. Was wollen wir mehr? So könnte man denken, aber das wäre falsch. Ist ein Kleiderschrank unsinnig konstruiert, ärgern wir uns. Sind aber Lampen falsch angebracht, ist das Licht zu grell oder zu dunkel, blendet es gar, ist es mit Ärger nicht abgetan. Licht wirkt auf die Augen und die Seele. Damit wir oder unsere Familie keinen Schaden erleiden, müssen wir uns mit dem Licht auseinandersetzen.

Was ist Licht?

Bei dieser Frage sprechen Physiker sofort von dem Dualismus des Lichts. Licht besteht zwar aus Teilchen (Energie-Quanten, Korpuskeln, Photonen), hat aber andererseits Eigenschaften elektromagnetischer Wellen, es ist z.B. in das natürliche Wellensystem eingegliedert.

bis 16 Hertz	Infraschall (Erdbeben)
16 Hertz – 30 Kilohertz	Schallwellen (Hörbereich und Ultraschall)
30 Kilohertz – 3000 Megahertz	Rundfunk- und Fernsehwellen
10^{12}–10^{14} Hertz	Infrarotwellen
$3{,}8 \cdot 10^{14}$–$7{,}7 \cdot 10^{14}$ Hertz	**sichtbares Licht**
10^{15}–10^{17} Hertz	ultraviolettes Licht
10^{17}–10^{19} Hertz	Röntgenstrahlen
10^{20}–10^{21} Hertz	Gammastrahlen
10^{22}–$10^{\cdots}$ Hertz	kosmische Höhenstrahlen

10000000000000000000000 mal schwingen also die Höhenstrahlen pro Sekunde. Verständlich, daß man da nicht mehr von Wellen, sondern von **Strahlen** spricht.
Auch die Lichtwellen mit einer Frequenz von 3,8 mal 10^{14}, d.h. 380000000000000 Schwingungen pro Sekunde, nehmen wir nicht mehr als Wellen wahr. Wenn das Licht flackert, hat es andere Gründe.

Sichtbar – also Licht – ist nur ein kleiner Wellenbereich. Licht breitet sich geradlinig mit einer Geschwindigkeit von 300000 km pro Sekunde aus. Es braucht kein Übertragungsmedium wie der Schall, das Sonnenlicht kommt durch das Vakuum des Weltraums zu uns. Was wir als helles, weißes Licht sehen, ist eine Zusammensetzung verschiedener Lichtfarben mit unterschiedlichen Wellenlängen:

bei Wellenlänge	*sehen wir*
380 nm	violett
480 nm	blau
580 nm	grün
680 nm	gelb
780 nm	rot

(nm = Nanometer)

Läßt man Sonnenlicht durch Prismen fallen, werden die einzelnen Lichtfarben entsprechend der Wellenlänge unterschiedlich gebrochen. Dadurch wird das Licht in seine Spektralfarben zerlegt. Schon Goethe befaßte sich damit in seiner Farbenlehre und war fast euphorisch, als er bei einem Experiment die mannigfaltigen Lichtfarben in schönster Reihenfolge auf der weißen Wand seines Zimmers sehen konnte.

> „Die Bläue des Himmels offenbart uns das Grundgesetz der Chromatik“, so befand Goethe.

Das Sonnenlicht kommt auf seinem Weg zur Erde durch mehrere Schichten, in denen der hochfrequente Teil (geringe Wellenlänge) des Lichtes (blau/violett) besonders stark gebrochen und dadurch gestreut wird. Es gibt „erklärende“ Sätze wie:

> Die Intensität des gestreuten Lichtes ist der 4. Potenz seiner Frequenz proportional.

Im Zusammenhang mit dem uns freudig stimmenden blauen Himmel klingt das einfach zu kalt und rechnerisch. Vielleicht sollten wir wie die Kinder die Farben des Himmels oder Regenbogens anstaunen, ohne sie als Farbspektrum des Sonnenlichts zu analysieren.

Farbtemperatur

Je energiereicher das Licht ist, um so höher die Farbtemperatur. Das Sonnenlicht verändert sich im Tagesverlauf ungefähr so:

Bei Sonnenaufgang	2000 K	hoher Rotanteil (wie Kerze)
½ Std. nach SA	2500 K	hoher Rotgelbanteil (Glühlampe)
2 Std. nach SA	5000 K	ausgeglichenes Spektrum (Leuchtstofflampe weiß)
je nach Bewölkung	–10000 K	der Blauanteil nimmt zu

dann wieder sinkend bis zum Sonnenuntergang.
K = Kelvin

Die Veränderung der Farbtemperatur zeigt sich beim Fotografieren. Bilder werden mittags leicht blaustichig, am frühen Morgen und am späten Abend dagegen oft zu rötlich.

Künstliches Licht

Da die Sonne uns nicht immer lacht und Glühwürmchen auch nicht so recht wirksam sind, versuchte man schon seit Urzeiten, künstlich die Nacht zum Tage zu machen. Ob nun das erste Feuer von Prometheus den Menschen geschenkt oder durch Zufall entdeckt wurde, wie man es entfachen kann, eines ist sicher: Was mit Lagerfeuern und Kienspänen begann,

hat besonders nach der Erfindung der Elektro-Dynamomaschine 1866 von Siemens zu einer sprunghaften Entwicklung und zum heutigen hohen Stand der Lichttechnik geführt. Licht läßt sich auf mehrere Arten erzeugen: durch

- Temperaturstrahlung fester Körper (Kerze, Glühlampe)
- Gasentladungen mit Lumineszenz (Leuchtstofflampe)
- Fluoreszenz, Phosphoreszenz usw.

Noch ein paar Fachausdrücke:
Der **Lichtstrom** bedeutet die Strahlungsleistung einer Lichtquelle.
Einheit: **Lumen**.

Die **Lichtstärke** gibt an, wie „dicht" das Licht in einem Raumwinkel der Strahlungsquelle ist. Strahlt eine Lichtquelle punktförmig nach unten, ist das Licht innerhalb dieses Strahls sehr dicht. Ist dagegen der Raumwinkel des Strahls groß, verteilt sich der Lichtstrom. Da Lichtstromdichte und Raumwinkel im Verhältnis stehen, ist auch die Lichtstärke geringer.
Einheit: **Candela** (vielleicht von Kandelaber?).

Die **Beleuchtungsstärke** beschreibt das Verhältnis zwischen Lichtstrom und Fläche, auf die er fällt, also die Intensität.
Einheit: **Lux** (1 Lux = 1 Lumen je m^2).
Treiben wir mit der Beleuchtung Luxus, ist die Zahl der Lux sehr groß – so einfach ist das. Über die notwendige Beleuchtungsstärke kursieren die unterschiedlichsten Tabellen. 100 Lux im Wohnraum meinen die einen, 250 Lux halten die anderen für erforderlich. Es kommt darauf an, was man beim „Wohnen" tut. Musik hören oder handarbeiten? Zum Kunststopfen benötigt man beispielsweise 4000 Lux. Immer noch wenig, wenn vergleichsweise die Sonne bei vollem Schein 100000 Lux verschwendet.

Brechung

Gehen Lichtstrahlen von einem Medium in ein anderes über, werden sie *gebrochen*. Bücken wir uns nach einer besonders schönen, im Wasser liegenden Muschel, greifen wir häufig daneben. Die Brechung des Lichts beim Übergang Luft – Wasser verändert das Bild (auch für die Optik wichtig).

Reflexion

Bestimmte Materialien und Farben *reflektieren* das Licht. Eine Lampe kann einen Raum mit weißen Wänden, Böden und Decken sehr hell machen. Stellen wir dieselbe Lampe in die Nacht hinaus, geht das Licht in der Dunkelheit verloren, die Umgebung wird kaum heller. Nun kenne ich niemand, der seine gute Wohnzimmerlampe in den nächtlichen Garten stellen würde, aber wir schaffen häufig nachtähnliche, lichtverschluckende Bedingungen in unserer Wohnung: Dunkle Deckenvertäfelungen, braune Tapeten, schwarze Teppiche haben fast keine Reflexion mehr. Um einen solchen Raum gut zu beleuchten, brauchen wir mehr bzw. hellere Lampen.

Reflexionsgrad von Wandanstrichen oder Tapeten:

weiß	70–80 %
gelb	55–65 %
himmelblau	40–45 %
dunkelrot	10–15 %
schwarz	0

Wechseln wir auf einem angestrahlten Tisch eine dunkle Decke gegen eine weiße, wirkt sofort alles viel heller, als hätte man eine zweite Lampe angeschaltet.
Schrauben wir eine Glühlampe in eine Leuchte mit braunem oder in eine Leuchte mit weißem Schirm, brauchen wir kein Meßgerät, um die unterschiedliche Helligkeit festzustellen.

Transmission

Lampenschirme aus Seide, porösen Stoffen oder Glas lassen einen Teil des Lichtes durch. Diese Transmission hängt vom Material und der Farbe des durchscheinenden Stoffes ab. Bei Glas z.B. davon, ob es sich um Klarglas oder Milchglas handelt, bei eingefärbtem Glas von der Farbe. Ein rotes Glas läßt nur die rote Lichtfarbe durchscheinen, alle anderen Farben werden absorbiert.
Im Laufe der Jahre nehmen Reflexion und Durchlässigkeit deutlich ab. Wird viel geraucht, vermindert sich der Reflexionsgrad der Decke erheblich. Lampen üben eine starke Anziehungskraft auf fettige Dämpfe aus. Da wir nicht nach jeder knusprig gebratenen Schweineschulter auf die Leiter steigen, um die Deckenlampen zu reinigen, wird das Licht nach und nach trüber. Die Küchenbeleuchtung sollte also bei der Erstinstallation entsprechend überdimensioniert sein.

Absorption

Materialien, die weder reflektieren noch lichtdurchlässig sind, absorbieren das Licht. Was passiert mit dem verschluckten Licht? Es macht den aufsaugenden Körper energiereicher, er wird wärmer. Ohne uns um Lichtquanten zu kümmern, wissen wir das längst. Eine schwarze Wolldekke wird nach kurzer Zeit in der Sonne glühheiß, während eine weiße das Licht reflektiert und relativ kühl bleibt. Ein Kunststück also, in einem schwarzen Samtkleid zu strahlen, weil ja alles Strahlende absorbiert wird und wärmt.
Wenn Schwarz noch so modern wäre, würde jeder vernünftige Mensch in den Tropen weiße Kleidung bevorzugen. Für sonnige Tage gilt das in unseren Breiten natürlich ebenso.

Die Blendung

Die Sonne ist der größte Blender

Der Blick in eine intensive Lichtquelle überreizt das Auge, es wird geblendet. Der größte Blender ist die Sonne. Erfreulich, daß Sonnenbrillen modern geworden sind. Leider werden allzuoft die Babys im Kinderwagen vergessen, die noch dazu fast senkrecht in die Sonne schauen. Es mag zwar süß aussehen, wenn die hilflosen Kleinen sich mit den niedlichen Fingerchen über die Augen fahren, aber lustig ist es für sie nicht. Um ihnen dieses Unbehagen oder gar eine Netzhautschädigung zu ersparen, ist unbedingt für ein schützendes Verdeck, ein je nach Sonnenrichtung eingestelltes Schirmchen zu sorgen.

Nicht nur direktes, auch reflektiertes Licht kann blenden. Liegen wir bäuchlings auf der grünen Wiese und lesen, können die Sonnenstrahlen unseren Augen nichts anhaben – meinen wir. Sie tun es aber doch, und zwar auf dem Umweg über das weiße Papier des Buches, von dem sie reflektiert werden. Blendung durch Reflexion ist besonders stark bei Schnee, Wasser und weißem Sand. Ein Fotograf weiß das, er blendet ab und benutzt Graufilter, aber was tun wir mit unseren Augen? Schützen wir sie ausreichend?

Die Relativblendung

In der Nacht ist selbst ein Streichholz hell

Blendung tritt auch dann ein, wenn das Licht zwar nicht sehr hell, aber der Unterschied zum vorherigen Zustand oder dem Umfeld relativ groß ist. Kommt uns an einem sonnigen Tag ein aufgeblendetes Motorrad entgegen, registrieren wir das, ohne daß es uns stört. Treffen wir auf denselben Motorradfahrer in der Nacht, werden wir stark geblendet.
Auf kleine Helligkeitsunterschiede reagieren wir durch Verkleinern oder Vergrößern der Pupille, bei großen Unterschieden durch Schließen der Augen. Immer aber müssen wir unser Auge an das hellere oder dunklere Licht anpassen (adaptieren). Tun wir das häufig, ermüdet das Auge. Benutzen wir in einem sonst dunklen Raum eine Tischlampe für unsere Näharbeit, ist Stich für Stich sauber zu erkennen, doch schauen wir auf, blicken wir ins Dunkle. Die Pupille erweitert sich, um viel Licht aufzu-

nehmen und möglichst doch noch die Wanduhr zu erkennen. Dann wird das Auge wieder auf die Näharbeit gesenkt. Die noch weite Pupille läßt natürlich viel zu viel des hellen Lichtes auf die Netzhaut fallen. Angenommen, wir sind nervös, warten besorgt auf ein Familienmitglied, schauen häufig auf die Uhr, wird unser Auge wieder und wieder geblendet. Wäre da nicht eine ausreichende Allgemeinbeleuchtung besser und letztlich auch billiger, berücksichtigt man, was eine Brille kostet?

Selbst wenn die gemütliche Leuchte den ganzen Eßtisch mit allen köstlichen Speisen ausleuchtet, muß auch der übrige Raum beleuchtet sein (möglichst indirekt), denn wir schauen ja unser Gegenüber an, schauen auch an ihm vorbei, und wenn es da dunkel ist, wird das Auge ebenfalls zur dauernden Adaption gezwungen. In einem völlig dunklen Raum kann sogar eine Kerze blenden.

Warum sind wir manchmal nach dem Fernsehen müde? Weil das Programm so langweilig war – die eine Möglichkeit. Die andere – die Relativblendung wegen des Kontrastes zwischen der hellen Mattscheibe und dem dunklen Raum. Dies läßt sich durch eine Zusatzlampe (Fernsehlampe) ausgleichen. Worauf wir aber keinen Einfluß haben, ist das Fernseh-Geschehen: Helle Bilder wechseln in schneller Folge mit dunklen, ohne daß unser Auge Zeit hat, sich den Helligkeiten eines Sandstrandes oder nur Sekundenbruchteile später einer geheimnisvollen, folglich sehr dunklen Höhle anzupassen. In der Realität gehen solche Veränderungen viel langsamer vor sich und schädigen darum das Auge weniger als die Fernsehbilder.

Blendung durch Punktstrahler

Das Licht dringt ins Gehirn

Sieht es nicht toll aus, wenn das im letzten Urlaub erstandene Kunstwerk von einem Punktstrahler malerisch beleuchtet wird?
Gegen so effektvolle Spielereien ist nichts einzuwenden. Aber Vorsicht bei Punktstrahlern in Sitzbereichen. Warum? Dringt strahlenförmiges helles Licht seitlich in unser Auge, wird es nicht zum Sehzentrum, sondern unmittelbar zur Hypophyse (Hinterhauptlappen), dem Sitz des vegetativen Nervensystems, geleitet. Eine dauernde Überreizung dieses Teilbereichs des Nervensystems führt zu erheblichen Störungen.

Wie ernst zu nehmen Blendlicht ist, beweist, daß es auch heute noch als grausame, inhumane aber äußerst wirkungsvolle Verhör-Taktik eingesetzt wird. Nur um dem psychisch belastenden, blendenden Licht zu entrinnen, werden falsche und echte Geständnisse abgegeben. „Kriminelle" Lichtverhältnisse in unserer Wohnung? Das darf nicht sein.

Lampen, Lampen, Lampen

Denken Sie dabei an Lampenschirme, Glocken oder Kronleuchter? In der Fachsprache heißt das:

- ✦ **Lampen** sind Körper, die das Licht unmittelbar abgeben, also die Glühlampe oder Leuchtstofflampe.
- ✦ **Leuchten** sind alles, worin diese Lampen untergebracht sind. Lampe und Leuchte zusammen sind offiziell ein **Geleucht.**

Könnten Sie spontan die Frage beantworten, wieviel verschiedene Lampen Sie in der Wohnung haben? Es werden fast immer zu wenig geschätzt, weil die Glimmlampe in der Radioskala oder im Lichtschalter, die Warnlampe im Gefrierschrank oder die Minilampe in der Nähmaschine vergessen werden. Auch findet sich meist noch eine Speziallampe für den Diaprojektor, für die Taschenlampe oder das Fahrrad, eine Infrarotlampe oder eine Christbaumbeleuchtung, die im Keller ruht. Würden wir alles fein säuberlich notieren, hätten wir nur einen Bruchteil dessen, was es an Lampenarten gibt.
Beim Ersatz einer Gerätelampe kann die defekte Lampe als Muster dienen. Aber bei den sonstigen Lampen sollten wir uns vor dem Neukauf

über den lichttechnischen Fortschritt informieren. In den Labors der Beleuchtungsfirmen wird laufend geforscht, in Versuchen werden die lichttechnisch optimalsten Beleuchtungskörper entwickelt. Im Vordergrund stehen der Mensch und seine Bedürfnisse: wie die Augen am meisten geschont werden, welche Beleuchtung für das Nervensystem am besten ist. Auch kosten- und energiesparend wird gedacht. Warum wissen wir davon so wenig? Warum sind auch viele Fachverkäufer kaum sachkundig? Es lohnt sich, einen Lampenkatalog mal gründlich durchzuschauen. Darin sind nicht nur die Lampenarten aufgelistet, sondern es werden auch wertvolle Hinweise auf Eigenschaften und Verwendung neuentwickelter Lampen gegeben. 80 Seiten hat allein mein Katalog mit OSRAM-Allgebrauchslampen. Verständlich, daß die nachfolgende Lampenbesprechung nur ein grober Überblick sein kann.

Eine weitverbreitete „Birne“

Die Glühlampe

Zum Ärger der Lichttechniker hält sich hartnäckig die Bezeichnung Glühbirne, obwohl eine Glühlampe mit einer wohlschmeckenden Birne außer der geringen Formähnlichkeit absolut nichts zu tun hat.

Die erste Glühlampe konstruierte 1854 der deutsche Auswanderer *Heinrich Goebel* aus einer leeren Kölnisch-Wasser-Flasche und Bambusfasern. Material und Herstellung haben sich geändert, aber das Prinzip ist geblieben: In einem Glaskolben wird ein Material zum Glühen gebracht und emittiert Licht. Bleibt unsere Küche trotz ungeduldigen Schaltens dun-

kel, liegt „der Verdacht nahe“, daß die Glühlampe defekt ist. Fachkundig schrauben wir sie heraus, mit Glück einschließlich Sockel, und schauen prüfend auf das Herzstück, die malerische Wendel aus hocherhitzbarem Wolframdraht (Schmelzpunkt 3380 Grad C). Ist die Wendel nicht mehr gespannt, sondern hängt traurig herum, klappert es gar, weil Teile lose im Glasgehäuse liegen, dann brauchen wir eine neue Lampe. Als sparsame Hausfrau denken wir vielleicht an eine Reparatur, aber die wäre zu aufwendig. Es ist nicht mit dem Verbinden der Wolframdrähte getan, der Glaskolben müßte wieder mit Edelgas und Stickstoff gefüllt und abgedichtet werden.
„Brennt“ die Glühlampe schon nach weniger als der durchschnittlichen Brenndauer von 1000 Stunden durch, liegt das wahrscheinlich am Wärmestau in einer unsachgemäß konstruierten Leuchte.

Kryptonlampen

Sie haben einen kleineren Glaskolben, der mit dem Edelgas Krypton gefüllt ist. Lichtausbeute ca. 10% höher.

Halogenlampen

In Autos sind Halogenlampen seit Jahren selbstverständlich. Mit ihrer enormen Helligkeit machen sie die dunkelste Waldstraße strahlend hell, und neuerdings kann man sie auch im Haushalt einsetzen, weil es für die Niederspannungslampen (6 V, 12 V oder 24 V) handliche Trafos gibt, die teilweise bereits integriert sind. Auch Halogenlampen für 220 V gibt es inzwischen. Was sind die Vorzüge?

✦ Brillantes Licht, gute Farbwiedergabe, hoher Wirkungsgrad, keine Kolbenschwärzung.

Kolbenschwärzung? Er hat uns ja wohl alle schon geärgert, der schwarze Belag von verdampftem Wolfram, der sich an den Innenseiten der Glühlampen absetzt und sich nicht wegwischen läßt. Ist die Gasfüllung mit Halogenen angereichert, verbinden sich diese mit dem abgebrannten Wolfram, werden durch die Zirkulation zur Wendel geleitet, setzen sich dort ab und zerfallen. Dadurch werden der Belag und die damit verbundene Einbuße der Leuchtkraft vermieden.

Reflektorlampen

Eine Reflexschicht an der Kuppe oder ein Reflektorspiegel in der Lampe verändern den Ausstrahlungswinkel des Lichts. Je nach zu beleuchtender Fläche können Sie eine Lampe mit engem Winkel (Spot, 12 Grad) oder weitem Winkel (Flood, 60 oder 80 Grad) wählen.

Auch Lampen mit Gold- oder Silber-Reflektoren oder mit Kaltlichtreflektor gibt es. Wozu der gut ist? Angenommen, Sie haben ein verführerisches kaltes Buffet aufgebaut und es zur Steigerung der Appetitlichkeit kräftig angestrahlt. Was passiert? Außer Licht gibt die Lampe auch Wärme ab, und wie traurig sehen die dekorativsten Platten aus, wenn sich Butterröllchen in eine gelbliche Flüssigkeit auflösen, schmelzendes Eis in den Lachs sickert. Mit einem Kaltlichtreflektor werden ⅔ der Wärmestrahlung ausgefiltert.
Auch mattierte, getönte oder Kolben aus edlen Gläsern (Opal) verändern die Lichtwirkung.

Die Leuchtstofflampe

Völlig falsch ist es, Leuchtstofflampen als Neonröhren zu bezeichnen. Beides sind Lampen, aber auch ein Gartenstuhl und unsere Wohnzimmersessel sind Sitzgelegenheiten, deren Bezeichnungen wir nicht vertauschen. Mit Neonröhren lassen sich phantastisch auffällige Reklameschriften erzeugen, ob man nun auf einen Modesalon in Frankfurt oder das „Moulin-Rouge" in Paris aufmerksam machen will. Um Neonröhren zu betreiben, braucht man Hochspannung (1000 Volt). Weißes Neonlicht ist kalt und unangenehm.

Daß auch Leuchtstofflampen weißes, kaltes Licht liefern, ist ein unbegründetes Vorurteil aus den Anfängen. Inzwischen gibt es Zweischichtlampen mit genauso behaglichem und anheimelndem Licht wie Glühlampen.
Technik: Zwischen zwei Elektroden findet bei einer bestimmten Spannung eine Gasentladung statt (verwendete Gase: Quecksilberdampf und Argon). Das dabei entstehende ultraviolette Licht wird durch die Beschichtung der Röhreninnenwände (Leuchtstoffe) in sichtbares Licht umgewandelt.

Sollte zufällig der ganz große Putzteufel in Sie gefahren sein und Sie auch die Leuchtstofflampen abwischen wollen, sehen Sie dabei eventuell den Aufdruck, der bei einer OSRAM-Lampe z.B. L 18 W/32 sein könnte:

18 W = 18 Watt,
3 die Lichtfarbe = Lumilux-Warmton und
2 die Farbwiedergabe (2 = Ra größer als 90).

Diese Angaben waren früher bei jedem Hersteller verschieden.
Nach der neuen DIN-Norm wird es folgende Einteilung geben:

Lichtfarbe	*Farbtemperatur*	
tw tageslichtweiß	über 5000 K	(für tagsüber benutzte Räume)
nw neutralweiß	4000 K	(für Küche oder Bad)
ww warmweiß	unter 3300 K	(für Wohnräume)

Differenziert werden soll auch der *Farbwiedergabe-Index* (Ra):

1a Ra 90–100 sehr gut	2a Ra 70–79 gut
1b Ra 80– 89 sehr gut	2b Ra 60–69 gut

Für Wohnräume sollten wir nur Leuchtstofflampen mit sehr guter Farbwiedergabe nehmen. Mir wurde vor Jahren von einem Verkäufer – er wußte es wohl nicht besser – zu einer ganz normalen Warmton-Lampe (Lichtfarbe 30) geraten. Ein grober Fehler. Warmton hört sich zwar wohnlich an, aber die einfachen Warmtonlampen haben ein gelbliches Licht von hoher Intensität, doch mit einem „weniger guten", also deutlicher gesagt, schlechten Farbwiedergabegrad. Eine solche Lampe hat in unserem Wohnzimmer nichts verloren.

Spezialfarben

Sehen bei Ihrem Metzger Wurst und Fleisch so appetitlich frisch aus, hat er vermutlich eine Lampe mit spezieller Lichtfarbe, die den Waren einen rosigen Schimmer verleiht.
Speziallampen mit wachstumsförderndem Lichtspektrum gibt es auch für den Philodendron oder die zarte Aralie, die aus optischen Gründen ihren Platz in einer dunklen Zimmerecke haben.

Die elektronische Sparlampe

Die neuen Kompakt-Leuchtstofflampen mit dem Einheitssockel E27 sind kaum größer als Glühlampen und passen in fast alle Leuchten. Vorteile:

- Stromersparnis bis zu 80 %, sechsfache Lebensdauer gegenüber Glühlampen, flimmerfreier Sofortstart, warmes, angenehmes Glühlampenlicht.

Welche Beleuchtung ist denn nun richtig?

Die beste Beleuchtung bietet das Tageslicht – sagen Maler – und bevorzugen ein Studio mit Glasdach. Leider hat das Tageslicht einen grundlegenden Mangel, die Sonne bestimmt die Dauer. Am Abend „dreht" sie es einfach ab, und im Winter beginnt der Abend der Natur schon sehr früh. Wollen wir nicht mit den Hühnern ins Bett, brauchen wir Kunstlicht. Und selbst wenn die Sonne scheint, brauchen wir häufig künstliches Licht. Die wenigsten von uns leben unter einem Glasdach. Unsere Wohnungen haben die Architekten zwar für das Auge gebaut, aber mehr für das architektonische, so daß die Gestaltung der Außenfassade oft wichtiger war als Fenster, die ausreichend Tageslicht in die Wohnungen lassen.

Nun ist das alles kein Problem, es gibt ja Lampen, Strom und die notwendige Elektroinstallation.
Elektroinstallation? Da existieren Regeln für die Einheitswohnung. Steht im Plan Schlafzimmer, kommen an die längste Wand in 2,20 m Abstand Steckdosen für die Nachttischlampen und genau in Raummitte ein Anschluß für die Deckenlampe. So ähnlich wird bei den anderen Räumen verfahren. Man kann es den Planern nicht mal übelnehmen. Woher sollen sie denn wissen, daß wir später die Betten ganz anders stellen, das Schlafzimmer gar als Kinderzimmer nutzen und unser Eßtisch am Fenster steht? Und sind die Anschlüsse erst mal da, fein säuberlich in Beton verlegt, kann man sie nur schwer ändern.
Und die Leuchten selbst? Die Designer gehen mit der Mode, mal werden Leuchten im Jugendstil, mal schmucklos angeboten. Wir können Schirme passend zur Tapete wählen, die Glocke aus Rauchglas abgestimmt zur Tischplatte. Doch das ist nicht das Entscheidende! Eine Leuchte soll zwar schön sein, aber vorrangig dient sie dazu, Licht zweckmäßig zu verteilen.

Situation: Wir haben eine vorgegebene Elektroinstallation, eine große Auswahl an Lampen und wissen einiges über das Licht. Unsere *Aufgabe* ist es, für unsere Wohnung Helligkeit, Gemütlichkeit und Wohnkultur zu schaffen. Die folgenden Hinweise sollen nicht die „Erleuchtung" bringen, sondern dazu anregen, die Beleuchtung Ihrer Wohnung kritisch unter die Lupe zu nehmen.
Erstes Problem sind unsere Mehrzweckräume: Schlafen, trauliche Gespräche, Schularbeiten, eine Feier, alle diese Dinge erfordern unterschiedliches Licht. Hätten wir eine Traumvilla mit 50 Räumen, wäre es

einfach. Wir würden für alles getrennte Zimmer einrichten und speziell beleuchten. Die Realität sind aber Allroundzimmer. Da hilft nur eins, die Beleuchtung muß so flexibel wie möglich sein. Für eine gemütliche Plauderstunde brauchen wir gedämpftes, warmes Licht, für ein Fest dagegen anregendes, helles Licht, damit keine Einschlafstimmung aufkommt. Es hört sich wie Reklame an, aber um mehrere Lampen kommen wir nicht herum.

Wie hell wollen wir es haben?

Tante Amalies Glockenlampe reicht nicht aus

So hell wie nötig oder so hell wie möglich? Die Beleuchtungsstärke verbessert die Sehschärfe und wenn wir gut sehen, ermüden wir nicht so schnell, erbringen eine bessere Arbeitsleistung, besonders bei diffizilen Tätigkeiten.

Das bedeutet nun nicht, daß wir durchweg alles in gleißendes Licht tauchen. Auch das Tageslicht verändert seine Intensität und Farbe, wie wunderbar milde stimmt das warme Licht der untergehenden Sonne. Beleuchtungstechniker wissen, daß der Mensch als Teil der Natur in seiner Umgebung natürliche Bedingungen braucht, d.h. Beleuchtungsstärke und Lichtfarbe müssen dem Tagesrhythmus angepaßt werden. Wenn wir in unserer Wohnung, im Büro oder wo auch immer am Tage eine wunderbare, taghelle Beleuchtung haben, müssen wir sie am Abend reduzieren und besonders die weiße Lichtfarbe meiden. Nur wenn auch nachts Aktivität und ein hohes Maß an Konzentration erwartet wird, sollte man Lichtverhältnisse wie am Tage schaffen.

Wie erreicht man die richtige Helligkeit? Wichtig ist eine *weiche Allgemeinbeleuchtung:*

- ✦ durch indirekte *Leuchtstofflampenbeleuchtung*
- ✦ oder durch *Deckenstrahler* von unten nach oben
- ✦ oder von *lichtstarken Leuchten* an der Decke. Hierbei schluckt zwar in der Regel der Boden Licht, gibt aber ein schönes, gedämpftes Licht wieder.

Einzeln zu beleuchten sind dann die verschiedenen Wohnbereiche. Da können Sie Ihren Geschmack und die Phantasie walten lassen, wenn Sie ein paar Regeln beachten:

- ✦ Sichtbare Leuchtstofflampen stets in Hauptblickrichtung.
- ✦ Blendfreie Arbeitsplatzbeleuchtung nur mit ausreichender Allgemeinbeleuchtung (mindestens 20%).
- ✦ Vermeidung von Lichtsuppe oder zu großer Schattigkeit.
- ✦ Vermeidung von seitlicher Blendung durch Punktstrahler oder von Kristall-Wandlampen.
- ✦ Die holzgeschnitzte Madonna, das interessante Relief stets von seitlich oben anstrahlen, damit die Konturen herauskommen. Licht von vorne macht die Gegenstände flach!

- ✦ Licht mit höherem Rotanteil für den Abend (angepaßt an die glutrot untergehende Sonne).
- ✦ Wollen oder können wir nicht viele Leuchten anbringen, läßt sich die Beleuchtungsstärke mit Dimmern variieren.
- ✦ Leuchten niemals mit stärkeren Lampen als vorgesehen bestücken (Brandgefahr durch Überhitzung).

Wie problematisch allgemeingültige Regeln sind, zeigt folgendes Beispiel: Bei Hängeleuchten soll die Unterkante der Lampe knapp über Augenhöhe sitzender Personen sein, ganz einfach also. Aber wo ist die Augenhöhe? Ist sie nicht bei dem 1,96 m großen Onkel Ede völlig anders als

bei Susannchen mit 1,56 m? Um variabel zu sein, ist eine Zugpendelleuchte praktisch, möglichst nicht zu schwer und mit leichten Reflektorlampen bestückt. In welche Höhe nun aber mit dem Pendel, wenn Onkel Ede und Susannchen gleichzeitig am Tisch sitzen?

Noch ein Wort zur *Küche:* Völlig unzureichend ist eine einzige Lampe in der Mitte. Stehen Sie vor dem Spülbecken, fällt Ihr Körperschatten auf das zu reinigende Geschirr, so daß Sie den Lippenstiftrand am Weinglas einfach übersehen. Beugen Sie sich über den Herd, glauben Sie, das Fleisch sei schon gebräunt, obwohl es nur durch Ihren und den Schatten der Topfwände dunkel aussieht. Licht über *allen* Arbeitsflächen ist unbedingt erforderlich. Erfreulicherweise gehen immer mehr Möbelhersteller dazu über, auch unter Hängeschränken Lampen einzuplanen.
Seien Sie in Ihrer Küche besonders kritisch. Wenn man schon so lange in einem relativ nüchternen Raum arbeiten muß, sollte die Beleuchtung stimmen. Es soll ja immer noch Küchen geben, in denen die optimalste Beleuchtung im Kühlschrank herrscht!
Ist Ihr *Lichtbewußtsein* geweckt? Geben Sie sich auch in anderen Räumen nie mit einem unbefriedigenden Beleuchtungszustand zufrieden. Auch wenn Erbtante Amalie die Glockenlampe als Hochzeitsgeschenk ausgewählt hat, ist das kein Grund, ein ganzes Leben dieses dämmerige Licht zu ertragen.
Prüfen Sie immer wieder, ob Sie oder Ihre Familienangehörigen sich wohl fühlen. Nehmen Sie vorhandene Beleuchtungen nicht als gottgegeben hin. So wie wir uns ein neues Kleid oder eine praktischere Waschmaschine anschaffen, muß auch hin und wieder die Beleuchtung modernisiert werden.
Kann der Fachhandel spezielle Fragen nicht beantworten, versuchen Sie es doch mal bei der Fördergemeinschaft „Gutes Licht“ in Frankfurt.

Wirtschaftliche Beleuchtung

Sparen ohne Nachteil

Ganz gleich, ob man an die Haushaltskasse oder an umweltfreundliches Energiesparen denkt, die Beleuchtung muß wirtschaftlich sein. Das heißt nicht, daß eine Billigkerze für zwei Abende ausreichen muß oder man die Gardinen aufziehen sollte, um von der Straßenlampe zu profitieren.

✦ Wirtschaftlich bedeutet nicht wenig, sondern die richtige Beleuchtung.

Für einen Raum mit großem Helligkeitsbedarf über längere Zeit wird man Leuchtstofflampen wählen. Sie haben eine mindestens 6fache Lebensdauer von Glühlampen und benötigen bei gleicher Leistung erheblich weniger Strom:

Glühlampe	100 Watt	1380 Lumen
Leuchtstofflampe	18 Watt	1450 Lumen

Für kurzfristige Beleuchtung von Fluren oder Treppenhäusern sind manchmal Glühlampen energiesparender, weil das Starten wegfällt (Strom und Zeit). Wird aber z.B. ein Flur sehr häufig benutzt, kann eine Kompakt-Leuchtstofflampe, die man einfach angeschaltet läßt, noch günstiger sein (Komfort bei geringen Kosten).

Brauchen Sie eine individuelle Glühlampenbeleuchtung, dann bedenken Sie:

- ✦ 4 Standardlampen mit je 25 Watt (100 Watt) haben einen Lichtstrom von 4 · 230 Lumen = 920 Lumen
- ✦ Benutzen Sie dagegen 1 Standardlampe mit 100 Watt, leuchtet diese mit 1380 Lumen. Es ist also bei gleichem Verbrauch 50% heller!

Laser – ein Zauberlicht?

Einfach hingerissen war ich, als ich zum erstenmal in einer Tannhäuser-Aufführung Laserstrahlen auf der Bühne sah: Elisabeth von Thüringen, im abendlichen Wartburgtal, von geisterhaftem Nebeldunst umhüllt, wirkte nahezu überirdisch. Bei den Münchner Opernfestspielen 1970 noch eine Neuheit, gehört die effektvolle Lasershow heute zu jeder spektakulären Rockveranstaltung und ist ebenso in Discos und Partykeller eingezogen. Wer weiß, vielleicht lassen wir eines Tages auch unser Festtagsmenü in einem Feuerwerk aus Laserblitzen erstrahlen?

Was bedeutet Laser? Das Wort selbst ist eine Abkürzung von:
Light **a**mplification by **s**timulated **e**mission of **r**adiation
(Übersetzung etwa: Lichtverstärkung durch angeregte Aussendung von Strahlung).

Diese Definition stimmt fast mit der des normalen sichtbaren Lichtes überein. Gase oder feste Körper werden durch äußere Energiezufuhr so ins Schwingen gebracht, daß sie Lichtquanten (Photonen) ausstoßen. Die Theorie des Laserlichts wurde schon 1917 von Einstein aufgestellt, für die Praxis fehlte noch die notwendige hohe Energie, so gelang erst 1960 **T. H. Maiman** der Nachweis mit sichtbarem Licht.

Unterschiede zwischen Laserlicht und normalem Licht:

1. Beim Laser werden die ausgestoßenen Lichtquanten zwischen zwei Spiegeln hin und her reflektiert, und in einer Art Kettenreaktion entsteht dadurch ein sehr energiereicher Lichtstrahl.
2. Laserlicht breitet sich nicht im Raum aus, sondern bleibt gebündelt.
3. Während sich das weiße Licht der Sonne aus den Spektralfarben zusammensetzt und z. B. auch rotes Licht verschiedene Farbschattierungen enthält, ist Laserlicht „einfarbig" (monochromatisch). Es besteht nur aus einer Lichtfarbe und damit aus einer Wellenlänge, so daß man die einzelnen Wellen überlagern und dadurch die Intensität wie bei keinem anderen Licht steigern kann.

Durch diese Eigenschaften – *energiereich, gebündelt, eine Wellenlänge, hohe Lichtintensität* – sind Laserstrahlen so vielseitig verwendbar, wobei die Lichtwirkung am unbedeutendsten ist. Viel wichtiger ist, daß sich durch die starke Fokussierung des Laserstrahls die Energie auf einen Punkt konzentrieren läßt, vergleichbar der Wirkung, wenn Licht durch ein Brennglas gebündelt wird.
Durch den konzentrierten Laserstrahl kann man nicht nur tiefergelegenes Gewebe erwärmen, sondern sogar losgelöste Gewebeteile (Netzhaut) wieder verbinden, verletzte Venen schließen oder – umgekehrt – Bronchien und verstopfte Venen öffnen, Gallen- und Nierensteine zertrümmern. Der Laserstrahl wird zum modernen Skalpell, mit dem Muttermale, umfangreiche Wucherungen und sogar „lebenslange" Tätowierungen entfernt werden können. Die Zukunft wird in der gezielten Krebsbehandlung liegen – Entfernung von Tumoren ohne Gefahr der Streuung von Krebszellen. Wieder eine faszinierende Erfindung, die die Physik zum Lebensretter machen kann.
Doch bei aller Euphorie darf nicht die Gefahr unterschätzt werden, die im Laserstrahl steckt. Es ist nicht damit getan, vor dem direkten Blick in intensives Laserlicht zu warnen. Es sollten auch alle Risiken bedacht werden, bevor man Lasergeräte zum Allgemeingut macht.
Ich hörte mal von einem Wettnarr, der den Ausgang von Pferderennen dadurch beeinflußt hatte, daß er die Favoriten knapp vor dem Ziel mit einem unsichtbaren Laserstrahl beschoß, so daß sie kurz zögerten, was für die Verfolger zum Sieg reichte, auf die natürlich der Strahlenschütze hohe Beträge gesetzt hatte. Auch von der Gefahr der Terroristen im

weißen Mantel wird gesprochen und – weit schlimmer – daß Laserwaffen nach dem Dynamit und den Atomwaffen die dritte Generation der Massenvernichtungswaffen werden könnten.

Ultraviolettes Licht

Auch UV-Licht hat eine bestimmte Wellenlänge (etwas kürzer als die Spektralfarbe Violett) und ist nicht sichtbar, nur an den Wirkungen zu erkennen.
Die größte natürliche Quelle von UV-Licht ist die Sonne. UV-Licht benötigen sowohl die Pflanzen für die Photosynthese als auch der Mensch zur Bildung von Vitamin D für den gesunden Knochenaufbau. Ob wir UV-Licht auch zur sommerlichen Bräune und als Nachweis eines tollen Urlaubs brauchen, ist natürlich Ansichtssache. Nicht umstritten, da medizinisch nachweisbar, ist die zerstörerische Wirkung von zuviel UV-Licht. Die Medien klären uns eingehend darüber auf, was bei einer weiteren Reduzierung der Ozonschicht, die als natürlicher Filter bisher die Erde vor einem Zuviel an UV-Strahlen geschützt hat, passiert. Überflüssig dürfte wohl der Hinweis sein, daß auch und gerade wir Hausfrauen es in der Hand haben, durch Verzicht auf Spraydosen mit gefährlichen Treibmitteln die Atmosphäre zu schonen.

UV-Licht zum Wäschebleichen war bei unseren Großmüttern noch sehr beliebt und auch äußerst wirkungsvoll. Hängen wir heute Wäsche in die Sonne, kann sie durch die Rückstände der optischen Aufheller in den Waschmitteln gelbe Streifen bekommen.
Aber nicht nur das UV-Licht der Sonne bleicht Gardinen und Polstermöbel, auch der UV-Lichtanteil von künstlichem Licht kann empfindliche Farben, besonders Ölfarben, verändern. In Museen hat man bittere Erfahrungen machen müssen, bevor spezielle Lampen mit UV-Filtern entwikkelt wurden.
Nennen Sie einen wertvollen Gauguin oder Chagall Ihr eigen und wollen ihn nicht ständig unter einem schützenden Tuch verbergen, dann sollten Sie auch in der Wohnung zum Anstrahlen nur Lampen mit UV-Licht-Filtern wählen.

Licht – Optik

Die Eigenschaften des Lichts nutzt die Optik in vielen praktischen Anwendungen. Das beginnt schon mit der einfachen Lupe, die sehr nützlich ist, wenn wir unserem kleinen Sohn, der als Indianer durch das Gestrüpp kroch, einen Splitter entfernen müssen, wenn der Briefmarkensammler die einwandfreie Zähnung prüfen will, oder wir bei einem Vertrag das Ganz-Klein-Gedruckte lesen wollen. Durch geschickten Schliff wird das Licht so gebrochen, daß dem Auge ein vergrößertes Bild des unter der Lupe befindlichen Gegenstandes erscheint. Bereits Nero soll als Vergrößerungsglas einen Rubin benutzt haben.

Licht und Schliff lassen in einem Diamanten ein wahres Feuerwerk erstrahlen. Leider glänzt auch der hochkarätigste Diamant dann nicht mehr, wenn wir ihn beim Hefeteigkneten oder Abspülen am Finger tragen. Der Kohinoor mit 106 oder der Orlow mit 194 Karat scheinen für Hausfrauenhände nicht adäquat zu sein. Wobei noch hinzukommt, daß auch vom Gewicht her (1 Karat = 0,2 g) ein Orlow am Finger einer Hausfrau nicht gerade praktisch ist.

Nachzutragen wäre noch, daß man natürlich bei bestem Licht und raffiniertestem Schliff einen Kieselstein nicht zum Strahlen bringen kann. Bei Diamanten wird das Licht deshalb besonders stark gebrochen (Brechzahl 2,41), weil sie sehr hart (dicht) sind. Man kann mit ihnen sogar Stahlbeton schneiden, obwohl das in den Augen einer Frau eine Sünde ist.

Billig und doch äußerst wertvoll sind die im Scheinwerferlicht funkelnden „Katzenaugen“, die schon manchen nächtlichen Radfahrer vor einem Unfall bewahrten.

Vor unliebsamen Überraschungen schützt der Spion in der Haustür. Hat er eine Weitwinkeloptik, kann man sogar einen sich bückenden oder zur Seite getretenen Ganoven genau erkennen.

Komplizierte Optik, das sind nicht nur die für unsere Gesundheit so wichtigen Mikroskope, sondern auch die Film- und Fotoapparate, die uns soviel Freude schenken. Nicht zu vergessen die Fernrohre, ohne die wir ja all die vielen Planeten nicht kennen würden. Schon 1609 hat Galilei mit dem von ihm konstruierten Teleskop die Jupitermonde und den Saturnring entdeckt. Aber auch auf unserer Erde, um z.B. in Not geratene Seeleute, Bergsteiger oder Flugsportler zu retten, ist das Fernglas oft die wichtigste

Hilfe. Immer sehen wir durch ein Fernglas ein einziges rundes Bild vor uns. Bis zu den Fernseh-Regisseuren scheint sich dies noch nicht herumgesprochen zu haben. Mit schöner Regelmäßigkeit werden uns, wann immer ein Schauspieler das Fernglas ansetzt, zwei ineinanderverschlungene Kreise vorgespielt.

Die kunstvollste optische Schöpfung der Natur ist zweifellos das Auge. Aber da es manchmal Mängel hat, bei Kindern unregelmäßig wächst, bei älteren Menschen sich die Linse durch Muskelerschlaffung verändert oder durch Krankheiten beschädigt wird, sollte man dem Erfinder der Brille ein besonders schönes Denkmal setzen. Wie armselig wäre das Leben für viele von uns, wenn nicht Brillen oder Haftschalen die Sehfähigkeit wieder herstellen würden.

Spieglein, Spieglein an der Wand

Haben Sie schon mal ein kleines Kind beobachtet, das sich zum erstenmal im Spiegel sieht? Wie die kleinen Augen ganz groß werden? Wie es zu lachen beginnt, den Finger ans Näschen hält oder alle möglichen Grimassen schneidet? Leider können unsere Kleinen bei ihren ersten Spiegel-Erfahrungen noch nicht sprechen, und so erfahren wir nie, ab wann sie begriffen haben, daß sie ihrem eigenen Spiegelbild zuwinken.

In den Pharaonengräbern fand man blankpolierte Bronzeflächen, die vermutlich als Spiegel gedient haben. Ob auch die Ägypterinnen des Altertums schon kritisch ihr Spiegelbild betrachteten, nach den ersten „grauen" im lackschwarzen Haar suchten?
Heute können wir uns ein Leben ohne Spiegel kaum vorstellen. Vom Taschenspiegel bis zur Schrank-Spiegelwand, von der Hausbar bis zum Aufzug, überall Spiegel. Aber wie funktioniert ein Spiegel? Licht fällt auf eine sehr glatte Glasfläche, deren Rückseite durch Beschichtungen undurchdringlich gemacht wurde, so daß das Licht reflektiert wird. Um klarzumachen, wie dadurch ein Bild entsteht, wie eine runde oder spitze Nase haargenau wiedergegeben wird, müßte man Zeichnungen mit vielen Strichen machen, die nach den Reflexionsgesetzen (Einfallswinkel gleich Ausfallswinkel und dergl.) vom Gegenstand vor dem Spiegel auf den Spiegel und wieder zurück zum Auge führen. Einfacher ist es, dem Spiegel zu glauben.

Daran, daß das Spiegelbild seitenverkehrt ist, haben wir uns ein Leben lang gewöhnt, es fällt uns nur noch selten auf, wenn wir uns zum Beispiel Augentropfen einträufeln wollen und das stets an der falschen Seite beginnen oder wenn die auffällige Schrift auf dem modernen T-shirt in „Spiegelschrift" erscheint. Ein Geheimnis „absolut" unsichtbar in Spiegelschrift zu schreiben, gehörte schon immer zu den beliebten Kinderspielen.
Für das Spiegelbild ist Licht erforderlich. In dem unter Ludwig dem XIV. geschaffenen berühmten Spiegelsaal von Versailles sind die 17 großen, verzierten Spiegel genau gegenüber den 17 großen Fenstern angebracht, so daß gleichmäßige Lichtverhältnisse herrschen. Allerdings hilft heute das beste Licht (und auch das beste Putzmittel) nicht, um diese stumpf und fleckig gewordenen Spiegel zum Strahlen zu bringen. Ein Alptraum für jede auf Glanz bedachte Hausfrau.

Bekanntlich gibt es verschiedene Spiegelarten. Am verbreitetsten sind die geradflächigen Planspiegel, die ein größengleiches Bild wiedergeben. Überrascht sind wir dagegen, wenn in dem Rasierspiegel mit gekrümmtem Glas jede kleine Pore wie ein Mondkrater wirkt.
Mit Spiegeln kann man zaubern, ein Raum erscheint größer oder heller, aber auch Dinge und Menschen können anders wirken. Früher fehlte in keiner Empfangshalle eine Spiegel-Konsole, die so angebracht war, daß man groß und schlank aussah. Es soll ja auch geschickte Verkaufsmanager geben, die in Modesalons Spiegel so raffiniert aufstellen, daß sie uns langbeinig und graziös machen und uns in positive Stimmung versetzen. Schnell ist vergessen, daß der Rock eigentlich gar nicht zugehen wollte.

Am bizarrsten verändern die Spiegel-Kabinette auf den Jahrmärkten unser Aussehen. Ist man in der rechten Stimmung, kann man sich mit Zerrspiegeln aller Variationen herrlich amüsieren.

Vom Rummelplatz zu den alten Griechen. Sie werden oft herangezogen, hier sollen es ausnahmsweise die jungen sein, und zwar die schönen Mädchen in historischen Gewändern, die alle vier Jahre am Ursprungsort der Olympischen Spiele mit einem Hohlspiegel aus dem Sonnenlicht das olympische Feuer entfachen.
Pfadfinder und Abenteurer wissen natürlich längst, daß auch ein gewölbtes Glasstück (Flaschenboden) das Sonnenlicht so stark bündelt, daß man damit Papier entzünden kann.

✦ Übrigens wirkt auch Wasser wie ein Brennglas, und man darf keinesfalls Pflanzen bei starker Sonne gießen, auf den Blättern würden unter den Wassertropfen braune Flecke entstehen, was auch auf unserer Haut passiert, wenn wir uns „tropfnaß" ultravioletter Bestrahlung aussetzen!

Die Freude über etwas Spiegelndes hört immer dann auf, wenn es z.B. Bilder sind und man bei bestimmtem Lichteinfall statt des alten Kupferstichs nur sein eigenes Konterfei bewundern kann. Hier hilft entspiegeltes Glas, das auch für Brillenträger eine große Erleichterung ist, besonders beim Autofahren in der Dunkelheit.

Optische Täuschungen

Wie die Cremedose größer wird

Mit Optik hat es nur im allerweitesten Sinne zu tun, wenn man etwas anders sieht, als es wirklich ist. Kaufen wir z.B. eine teure Cremedose, wohlgeformt und dekorativ, dann denken wir: Die reicht die nächsten Wochen. Schrauben wir den hochgewölbten, weitausladenden Deckel ab, kommen uns schon erste Bedenken. Sehen wir dann noch, daß es sich um eine Doppeldose handelt und wie klein der innere Behälter im Vergleich zum voluminösen äußeren ist, merken wir rasch, daß wir getäuscht worden sind. Die Dose wirkte optisch größer. Durch geschicktes Design läßt sich da manches machen.
Ein paar Fragen:
Welcher mittlere Kreis ist größer, der rechte oder der linke?

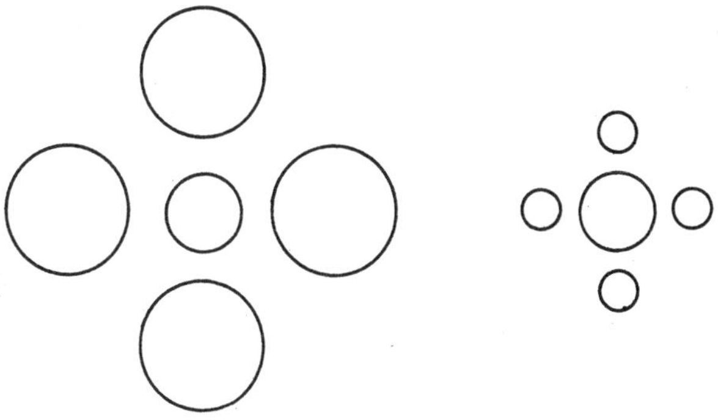

Welcher waagrechte Strich ist länger, der rechte oder der linke?

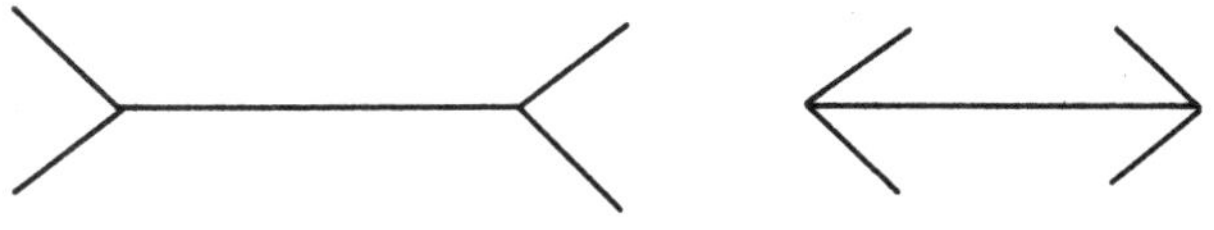

Natürlich muß die Antwort auf alle Fragen heißen, sie sind gleich groß oder gleich lang. Wenn man auf einen Trick wartet, durchschaut man ihn ja auch, aber eben nicht, wenn solche Raffinessen bei aufwendigen Verpackungen angewandt werden.

Phänomene

Haben Sie auch schon mal beobachtet, wie eine Herdplatte zur Tanzfläche wird? Fallen auf eine heiße Metallplatte (über 100 Grad C) Wassertropfen, dann müßten sie sofort verdampfen. Aber was tun die rebellischen Tropfen? Sie kugeln wie winzige Bälle lustig hin und her. Wie beim siedenden Wasser beschrieben, erinnern auch diese Tropfen an temperamentvolle Tangotänzer. Leidenfrostsches Phänomen wurde dieser Vorgang nach dem Physiker gleichen Namens genannt. Phänomen? Ist ein so alltäglicher Vorgang nicht erklärbar? Doch, aber es gibt einen Begriffsunterschied: Während im allgemeinen Sprachgebrauch ein Phänomen etwas Außergewöhnliches oder Unerklärliches ist, nennt die Physik jedes Naturereignis, jede Erscheinung so, auch wenn Ursache und Wirkung genau bekannt sind, wie beim Leidenfrostschen Phänomen:

> Zwischen Wassertropfen und Metallplatte bildet sich ein Wasserdampfpolster, das die Wärme schlecht leitet, weshalb sich die Wassertropfen erst verzögert bis zur Siedetemperatur erwärmen, um dann explosionsartig zu verdampfen.

Dann war wohl gar nicht die dichterische Freiheit von Jules Verne, sondern das Leidenfrostsche Phänomen der Grund dafür, daß der todesmutige Kurier des Zaren, Michael Strogoff, trotz Blendung später wieder sehen konnte? Kurz vor der Vergeltungsaktion sah Strogoff am Rande des Platzes seine Mutter knien, bei diesem Anblick schossen ihm Tränen der Rührung in die Augen, und als sein Widersacher das glühende Schwert an seinen Augen vorbeiführte, entstand aus den Tränen ein Wasserdampfpolster, das das Augenlicht vor der versengenden Hitze schützte.

Die Waschmaschine „spinnt"

So dachte eine Hausfrau, als sie Wollsachen gewaschen hatte und anschließend der lässige Pullover Größe 52 gerade einem schmalen 10jährigen paßte, obwohl die Maschine ordnungsgemäß auf Wolle eingestellt und der Pullover nicht zum erstenmal gewaschen worden war. Beim nächsten Waschvorgang war alles normal. Aber ein paar Wochen später passierte wieder das Unerklärliche, diesmal bemerkte die Hausfrau sofort, daß leichter Wasserdampf aus der auf 30 Grad programmierten Maschine

entwich. Eine Überprüfung durch den Hersteller ergab keinen Fehler, die Sache zog sich hin, bis die tatsächliche Ursache gefunden wurde: ein nahegelegener NATO-Stützpunkt. Wie das? Nun, die elektromagnetischen Wellen der starken Sendeanlage hatten die Elektronik in der Waschmaschine gestört.
Knistert es in unserem Fernseher oder Radio, ist aber in der Regel nicht eine militärische Anlage oder ein Funkturm schuld, sondern ein defektes Gerät oder ein defekter Schalter in unserem eigenen Haushalt.

Die Bohrmaschine und der Herzschrittmacher

Elektrogeräte verursachen immer auch elektrische Felder, die aber so gering sind, daß wir sie nicht bemerken und sie uns auch nicht schaden. Straßenbauarbeiter, die jahrzehntelang mit schweren Preßlufthämmern arbeiten, erleiden vielleicht eine Gefühlsbeeinträchtigung an den Händen oder einen Hörschaden, behalten aber durchaus ihr gesundes, kräftiges Herz. Empfindlicher reagieren Herzschrittmacher, deren hochsensible Elektronik bei unmittelbarer Nähe von Bohrmaschinen gestört werden kann, nicht durch den Krach, sondern durch die von den Maschinen ausgehenden elektromagnetischen Wellen in bestimmten Frequenzen.
Alles, was man künstlich im Körper hat, zeigt ja teilweise unnatürliches Verhalten. Haben Sie schon mal über die gespenstisch wirkenden künstlichen Zähne im Laserlicht einer Disco gestaunt? Oder von jenem armen Flugreisenden gehört, der wieder und wieder durch die Sicherheitskontrolle wollte, sich schon sämtlichen Kleingepäcks, Tascheninhalts usw. entledigt hatte, bis man feststellte, daß ein genageltes Hüftgelenk Ursache des metallanzeigenden Pieptons war.

Kleine Merkwürdigkeiten

Hat das was mit Physik zu tun?

Etwas Merkwürdiges passiert in unserer neuen Waschmaschine. Ist ein Bettbezug in der Trommel, befindet sich nach dem Waschen die gesamte übrige Wäsche im Inneren des Bezuges, so daß der Wulst kaum durch die Öffnung paßt. Leider vergesse ich jedesmal, Bezüge vorher zuzuknöpfen. Aber warum verkriecht sich die Wäsche überhaupt, und warum tat sie es

bei unserer alten Maschine nicht? Hängt es mit den Umdrehungen zusammen?
Selbst der so simple Badewannenabfluß hat eine Eigenart an sich. Stets dreht sich bei abfließendem Wasser der Wirbel gegen den Uhrzeigersinn, und zwar bei allen Wannen auf der nördlichen Halbkugel. Südlich des Äquators dagegen drehen sich die Wirbel mit dem Uhrzeiger.
Nun können Sie natürlich antworten, das sei Ihnen egal, Hauptsache ist, daß das Badewasser überhaupt abfließt, und daß der Abfluß nicht verstopft ist. Aber ein bißchen interessant ist es doch schon? Und wenn man das Glück hat, den Äquator zu überqueren, sollte man doch einen Blick auf den Wirbel in der Badewanne werfen.

Atome

Klein in der Gestalt – groß in der Wirkung

„Was, in meinem Brot sind Atome?" Entsetzt schob unser Sohn sein Frühstück weit von sich. Eine häufig anzutreffende Reaktion. Es ist verblüffend, wie sehr sich mit dem Atom der Gedanke an Bomben oder Kernkraftunfälle verbunden hat und wie darüber vergessen wird, daß Atome die Baueile aller Materie sind. Diese allerkleinsten Teilchen zu erforschen, reizte Naturwissenschaftler wie Fermi, Geiger, Hahn, Heisenberg, Planck, Straßmann, Szilard – um nur einige zu nennen. Die Geschichte der Entdeckungen in der Atomphysik ist spannender als mancher Detektivroman. Nach Tschernobyl hat sich unser Wortschatz vergrößert. Man versuchte gerade uns Hausfrauen über Halbwertzeiten, Strontium und Plutonium aufzuklären, und wir mußten begreifen, daß auch die Atomphysik zu unserer Küche gehört. Da sich die Kernphysik nicht in einem Kapitel und nicht im Plauderton abhandeln läßt, wäre es empfehlenswert, etwas mehr darüber zu lesen. Besonders Biographien vermitteln viel Wisenswertes und erklären den Forscherdrang.

Den Physikern Bohr und Rutherford verdanken wir das **Atommodell:**

Ein **Atom** besteht aus Atomkern und Hülle

Der **Atomkern** besteht aus:
Protonen = positiv geladen
Neutronen = elektrisch neutral
Protonen und Neutronen zusammen heißen **Nukleonen**

Die **Atomhülle** besteht aus:
Elektronen = negativ geladen
je nach Energiegehalt kreisen sie auf
verschiedenen Bahnen um
den Kern

Im elektrisch neutralen Atom ist die Anzahl der positiven Protonen und negativen Elektronen gleich. Zwischen Kern und Hülle ist ein leerer Raum. Der Aufbau gleicht dem Sonnensystem:

Die Sonne als energiereicher Kern,
die Planeten (auch die Erde gehört dazu) als Elektronen.

Als weitere Gemeinsamkeit drehen sich auch die Atome um ihre eigene Achse (Spin) und besitzen Pole.
Erinnern Sie sich mit Unmut an das Auswendiglernen des Periodensystems? Schade, wie selten den Schülern vermittelt wird, wie wunderbar die Elemente geordnet sind, daß z.B. die Zahl der Protonen bestimmt, ob es sich um Gold oder Silber handelt:

1 Proton = Wasserstoff
2 Protonen = Helium
8 Protonen = Sauerstoff
47 Protonen = Silber
79 Protonen = Gold
88 Protonen = Radium
92 Protonen = Uran (größtes natürlich vorkommendes Atom)

Manchmal verhalten sich die Atome auch anders als sie sollen.
Veränderungen der Atomhülle:

Elektronen wechseln die Bahn, dabei kann Energie freiwerden und das Atom leuchten. Oder ein Elektron verläßt das Atom, das dadurch zum aggressiven **Ion** wird.

Sogar der Kern kann sich ändern:

Aus Uran kann durch Abgabe von Protonen z.B. Radium oder Blei werden.

Ursache dieser Zerfälle sind die Kräfteverhältnisse/Wechselwirkungen im Kern. Die positiven Protonen müßten sich theoretisch wie gleiche Pole eines Magneten abstoßen, würden sie nicht durch Bindungsenergien zusammengehalten. Die inneren „Spannungen“ nehmen mit der Größe der Atomkerne, also der Zahl der Nukleonen, zu. Spontane Zerfälle oder Kettenreaktionen gibt es deshalb nicht im Toast oder Vanilleeis, sondern nur in schweren Atomen (Uran, Radium) und besonders dann, wenn es sich um **Isotope** handelt, wenn also ein und derselbe Stoff (z.B. Uran) aus Kernen besteht, die verschieden viele Neutronen enthalten.

Uran 238: 92 Protonen + 146 Neutronen = 238 Kernteilchen
Uran 235: 92 Protonen + 143 Neutronen = 235 Kernteilchen
Uran 234: 92 Protonen + 142 Neutronen = 234 Kernteilchen

Auch die „neutralen Neutronen“ sind also für Kernreaktionen verantwortlich.
Der große Newton irrte, als er schrieb, daß keine Macht von gewöhnlicher Art imstande sei, das zu zerteilen, was Gott selbst bei der ersten Schöpfung als Ganzes geschaffen habe. Physiker können inzwischen Atomkerne spalten, durch Beschuß mit Neutronen zur Teilung anregen und Kettenreaktionen auslösen. Dabei werden unvorstellbare Energien frei ($E = m \cdot c^2$ – siehe Kapitel Energie). Diese Energien nutzbar zu machen, wurde zum Ziel der Kernphysik. Ein Kilogramm Uran besitzt ebensoviel Energie wie 2500000 kg Steinkohle. Ein Vergleich, der nachdenklich macht. Ungezählte Bergleute fanden im letzten Jahrhundert den Grubentod, Kohlekraftwerke verursachen enorme Umweltschäden, auch das Erdöl hat schon furchtbare Katastrophen ausgelöst.
Es wäre durchaus sinnvoll, die Kernkraft als natürliche, sauberste und umweltschonendste Energiequelle zu nutzen, wenn, ja, wenn es nicht dieses unheilvolle „Restrisiko“ gäbe, wenn es nicht solche Urgewalten wären, die da in Menschenhände, manchmal in verantwortungslose, gegeben werden.
Als Goethe vor 200 Jahren seinen Zauberlehrling die Geister rufen ließ, wußte er noch nichts von Radioaktivität und Kernspaltung. Aber trifft diese Ballade nicht wunderbar unser Dilemma, daß es keinen Zauberspruch gibt, um eine Kettenreaktion anzuhalten?

Wie sagt der Lehrling verzweifelt?

„Und sie laufen! Naß und nässer
Wirds im Saal und auf den Stufen.
Welch entsetzliches Gewässer!
Herr und Meister! hör mich rufen! –
Ach, da kommt der Meister!
Herr, die Not ist groß!
Die ich rief, die Geister
Werd ich nun nicht los."

Dieser Meister fehlt uns noch, der in der Bedrängnis die unheilvollen Mächte bannen kann.
Einer, der stets an den Fortschritt glaubte, war Alfred Nobel. Obwohl bei seinen Versuchen, Nitroglycerin in festen Sprengstoff umzuwandeln, ein Teil seiner Fabrik in die Luft flog, sein Bruder ums Leben kam, der Vater sich nie davon erholte, hat Nobel weitergeforscht. Durch den Nobelpreis fördert er auch nach seinem Tode die Wissenschaft. Zurückschauend auf die Leistungen der Physik müßte es auch gelingen, die Atomspaltung beherrschbar zu machen, ein Gegenmittel gegen verheerende Überhitzungen in Kernkraftwerken zu finden. Es bleibt zu hoffen, daß in absehbarer Zeit ein Nobelpreis für die sichere Notbremse in Kernkraftwerken vergeben werden kann.
Geringer wird das Risiko bei der Kernfusion der Wasserstoff-Isotope (Deuterium und Tritium) beurteilt. Schon Einstein wies auf die ungeheure Energie in einem Tröpfchen Wasser hin. Das Problem: Es gibt keinen „Kochtopf", der die für eine Kernfusion notwendige Temperatur aushält (im Sonnenkern herrschen bis zu 20 Millionen Kelvin).

Damit es nun aber nicht ganz physikalisch endet, noch ein kleiner Vergleich zwischen Atomphysik und Hausfrau. Dieser ungewöhnliche Zusammenhang ist nicht ganz ernst gemeint, aber trotzdem:

Atomphysik kann man auch als die Wissenschaft von den Teilchen bezeichnen. Haben nicht auch wir ständig mit kleinsten Teilchen zu tun? Man denke nur an die in der Einkaufstasche zerplatzte Zuckertüte, an die wie ein Atompilz aufsteigende Wolke, wenn der Küchenquirl versehentlich auf höchster Stufe läuft und den Mehlberg in der Backschüssel trifft. Noch feiner und hinterhältiger sind die Staubteilchen, die wie elektrisiert im Sonnenlicht wirbeln und eine gleichmäßige graue Schicht auf Möbeln und Regalen bilden. Die Teilchenfusion, in der Physik noch immer ein

Problem, fällt uns leicht. Schon bei der simplen Fingerprobe haben wir einen Teilchenberg zusammen.
Nun wird natürlich jeder Physiker in grenzenlosem Unverständnis den Kopf schütteln, wie man einen winzigen Atomkern mit einem riesigen Staubkorn in Verbindung bringen kann. Es war nicht so ernst gemeint. Ganze Berge von Teilchen enthält auch unser Staubsauger. Mußten Sie schon mal den Beutel öffnen, weil der treue Diener eine lebensnotwendige Schraube oder ein Geldstück aus dem Kaufladen verschluckt hat? Ich habe dieses Glück öfter und bin jedesmal überrascht, wieviel Miniteilchen als Schmutz in unserer Wohnung waren. Was sind da schon die 238 Teilchen eines Uran-Atomkerns?

Quark – Quarks

Immer differenzierter dringen Wissenschaftler in die Atome vor, immer neue Kräfte werden entdeckt. Was würde der alte Demokrit sagen, daß sein Atomos – das Unteilbare – weiter und weiter zerlegt wird. „Neue, fast mystische Objekte wurden gefunden – die Quarks ..." So beschreibt Harald Fritzsch die Entdeckung neuer Elementarteilchen in seinem Buch „Quarks – Urstoff unsere Welt". Als Hausfrau denkt man eher an erfrischenden Quarkkuchen, eine gesunde Diät oder Schönheitsmaske als an Atomteilchen.
Bekannt sind mittlerweile sogar verschiedene Quarks: up-, down-, top-, charm-, strange- und bottom-quarks. Mit der Anzahl können wir leicht konkurrieren, vom Frucht- bis zum Kräuterquark haben wir schließlich auch eine breite Palette. Ein wohl humorloser Kernphysiker, der dies zufällig in meinem Manuskript las, fand den Vergleich fast „peinlich". Was meinen Sie? Ist so eine einprägsame Eselsbrücke erlaubt oder nicht?
Wie kam der amerikanische Physiker **Murray Gell-Mann** (Nobelpreis 1969) auf diesen Namen, den es doch im Englischen gar nicht gibt? Ich kenne folgende Version: Eng verbunden mit den Quarks ist die Zahl „drei" (three). Ein Proton besteht aus 1d- und 2u-Quarks, ein Neutron aus 1u- und 2d-Quarks. Dies soll der Grund dafür sein, daß Gell-Mann den Namen aus dem Gedicht von James Joyce in „Finnegans Wake":

„– Three quarks for Mister Mark
Sure he hasn't got much of a bark
and sure any he has it's all beside the mark
..."

entliehen hat, wobei quarks hier eine dichterische Abwandlung von quart sein dürfte.

Und da wir schon bei Wortbetrachtungen sind: Es kann bisher nur Quarks heißen, weil man noch kein einzelnes Quark isolieren kann. Quarks reagieren wie ein Magnet, bei dem man auch nicht den Nordpol abtrennen kann, ohne daß sich nicht sofort in diesem wieder ein Südpol bildet, oder weil die Zusammenhangkräfte so stark sind. Und diese Zusammenhangkräfte (Gluonen – glue = Klebstoff) machen die Forschung so interessant. Werden auch diese Kräfte mal wie die Kernenergie ausgenutzt werden können? CERN bei Genf wurde durch die größte Beschleunigungs-Anlage der Welt LEP („Large-Electron-Positron"-Projekt) erweitert, deren unterirdischer, kreisförmiger Beschleunigungstunnel einen Umfang von 30 km hat. Auch das zu DESY (Hamburg) gehörende HERA-Projekt mit einem 6 km langen Tunnelring wird sich weiter mit der Quarks-Forschung beschäftigen.

Auf der Internationalen Konferenz der Hochenergiephysik in München im August 1988 wurde u.a. die Vermutung erörtert, daß es nach dem Urknall zunächst nur ein hocherhitztes Gemisch von Quarks („Chromoplasma") gegeben habe. Demnach wäre also unser Universum aus Quarks entstanden.

Radioaktivität

Energie im Übermaß

Was verbirgt sich hinter dem so gefährlich klingenden Namen? Aktivität bedeutet Energie, und Radio ist die lateinische Bezeichnung für Strahlen. Energiestrahlen, eigentlich etwas Gutes, wenn sie nicht in zu hoher Dosis auftreten. Ein Zuviel an Wärme kann einen Menschen ebenso töten wie ein Zuviel an Radioaktivität. Der große Unterschied: Die Wärme spürt der Mensch, er kann sich schützen, die Radioaktivität spürt er nicht, es gibt kein Sinnesorgan für radioaktive Strahlen.
Entdeckt wurde die natürliche Radioaktivität von **Marie Curie.** Radioaktivität wird beim Zerfall von Atomen frei. Insbesondere Atome mit großer Kernladungszahl (84 und mehr Protonen) sind instabil und senden spontan Strahlung aus. Seit Bestehen der Erde zerfallen „schwere" Atome (Uran) und werden zu anderen, ebenfalls radioaktiven Elementen, bis am Ende einer Zerfallsreihe z.B. das stabile Blei steht. Entsprechend der Halbwertzeiten nimmt die Aktivität ab. Es müßte also mittlerweile sehr viel weniger radioaktive Elemente geben als kurz nach Entstehung der Erde.

Radioaktive Atome geben Alpha-, Beta- oder Gammastrahlen ab:
Beim **Alpha-Zerfall** wird ein „Paket" (2 Protonen und 2 Neutronen, also ein Heliumkern) ausgeschleudert. Dieses sogenannte Alphateilchen ist sehr energiereich und besonders gefährlich, wenn es in den menschlichen Körper gelangt.
Beim **Beta-Zerfall** wird ein Elektron abgegeben und dieses wirkt auf andere Atome ein. Außerdem ändert sich beim abgebenden Atom das elektrische Gleichgewicht und verursacht weitere Kernveränderungen.
Die **Gammastrahlung** ist eine elektromagnetische Welle, tritt meist im Zusammenhang mit einem Alpha- oder Beta-Zerfall auf, hat eine große Reichweite und ist schwer abzuschirmen.
Röntgenstrahlen sind den Gammastrahlen ähnlich, haben aber eine niedrigere Frequenz, so daß man sich leichter vor ihnen schützen kann.

Warum schadet Radioaktivität dem Menschen?

Strahlenenergie bewirkt chemische und physikalische Veränderungen in den Körperzellen. Moleküle können getrennt, Zellwände zerstört, körpereigene Atome angeregt, die Erbinformation (DNS) beschädigt werden. Unterschieden wird in

somatische Schäden (griech. soma = Körper) und in
genetische Schäden (zeigen sich in der nächsten Generation).

Bedeutsam ist aber auch die Unterscheidung in

zufallsbedingte (stochastische) Strahleneffekte und
nicht zufallsbedingte (nichtstochastische) Strahlenschäden.

Während Strahlenschäden (Strahlenkrankheit, Gewebezerstörungen) von der Strahlenmenge abhängig sind, also erst ab einem bestimmten Schwellenwert auftreten, gibt es für zufallsbedingte Strahleneffekte keine untere oder „Ungefährlichkeitsgrenze“. Bereits eine geringe Dosis ionisierender Strahlung kann eine Zelle so verändern, daß es zu genetischen Schäden, zu Leukämie oder bösartigem Krebs kommt. Eine Schädigung kann deshalb auch bei geringer Strahlung nicht völlig ausgeschlossen werden.

Ganz simpel kann man den stochastischen Effekt so vergleichen: Wenn ich von einem Wespenschwarm umringt werde, nimmt die Wahrscheinlichkeit, gestochen zu werden, mit der Anzahl der Wespen zu. Aber durch Zufall kann auch eine einzelne Wespe in einem großen Raum mich stechen, wobei die Folgen dann noch davon abhängen, wo sie hinsticht (Weichteile, Rachenraum).

Um die Menge der Radioaktivität beurteilen zu können, braucht man **Einheiten**.
Während in Schulaufsätzen abwechslungsreiche Wortwahl geradezu Pflicht ist, tragen die Synonyme bei den Maßeinheiten der Radioaktivität nur zur Unverständlichkeit bei. Warum kann man 1 Curie auch in Becquerel ausdrücken? Bedeuten Gray und Rad dasselbe? Nach Einführung der SI-Einheiten (systeme internationale) treten alte und neue Bezeichnungen auf – sehr verwirrend. Ich habe deshalb die Einheiten reduziert auf:

Maßeinheit der Aktivität

Becquerel (Bq) = 1 Atomkernzerfall pro Sekunde
(altes Maß = Curie [Ci] $1\ \text{Ci} = 3{,}7 \cdot 10^{10}\ \text{Bq}$)
Je „aktiver" eine Substanz, um so höher die Becquerelzahl.

Da bei jedem Element eine verschieden hohe Energie pro Zerfall frei wird, muß zu den Becquerel auch das Nuklid angegeben werden. Das in der Natur vorkommende radioaktive Kalium 40 hat z.B. eine Beta-Energie von 1,3 MeV (Megaelektronvolt) und der Folgekern eine Gammstrahlung von 1,46 MeV. Das uns ebenfalls geläufige Cäsium 137 eine Betastrahlung von 0,5 MeV und als Folgekern Barium 137 eine Gammastrahlung von 662 keV (Kiloelektronvolt).

Maßeinheit der Äquivalentdosis von Radioaktivität

Die Äquivalentdosis gibt an, wie stark Radioaktivität auf den menschlichen Körper wirkt. Sie hängt ab: vom radioaktiven Element oder Nuklid, und zwar von

- den Halbwertzeiten bzw. der Häufigkeit der Zerfälle,
- der Höhe der ausgesandten Strahlenenergie,
- der Strahlenart (Alpha-, Beta- oder Gammastrahlen),
- dem Folgeelement (z.B. wird aus Cäsium 134 das stabile Barium 134),
- der Wirkung des Nuklids auf bestimmte Organe (Jod/Schilddrüse).

Weiter ist entscheidend, ob die Radioaktivität

- ✦ auf einen Erwachsenen oder ein Kind wirkt und ob sie von außen auf den Körper trifft (externe Strahlenposition)
  oder in den Körper gelangt (Incorporation) durch
- ✦ Nahrungsaufnahme (Ingestion),
- ✦ Einatmen (Inhalation),
- ✦ offene Wunden.

Die Maßeinheit:

Sievert (Sv) = Wirkung auf den Menschen
alte Einheit rem (Roentgen equivalent for men)
1 Sv = 100 rem

Das Sievert ist also offiziell, aber ähnlich wie die Kalorie hält sich hartnäkkig auch das „rem“.

Wo tritt natürliche Radioaktivität auf?

Kosmische Strahlung

Durch Kernreaktionen auf der Sonne und den Sternen kommen energiereiche Strahlen zur Erde und bilden in den oberen Luftschichten weitere radioaktive Elemente, die direkt oder im Regen, Schnee usw. niedergehen. Die Belastung hängt davon ab, wie viele Stunden man im Freien, in der Sonne verbringt und in welcher Höhe. Die Atmosphäre reduziert die kosmische Strahlung, sie ist deshalb in Meereshöhe am geringsten und steigt pro 1000 Höhenmeter um ca. 15 mrem pro Jahr (dies gilt auch für Flugzeuge, da die Gammastrahlung nicht durch Flugzeugwände abgeschirmt wird!)

Terrestrische Strahlung

Die Erdrinde enthält wechselnde Anteile natürlich radioaktiver Elemente. Die Strahlungsintensität schwankt je nach Bodenbeschaffenheit beträchtlich. Ich habe Tabellen mit Werten zwischen 30 und 600 mrem pro Jahr je nach Wohnort gesehen. In Wohnhäusern hängt die Belastung vom Baumaterial und vom Erdreich unter den Fundamenten ab. So wurden sehr hohe natürliche Radonkonzentrationen festgestellt (Drucksache

11/949 des Bundesforschungsministeriums). Nach den Ursachen wird geforscht. Regelmäßiges Lüften verringert den gefährlichen Radonanstieg in den Wohnungen.
Auch von weit her kann Radioaktivität kommen. Vor einiger Zeit wurde in Süddeutschland eine unerklärliche Zunahme der Radioaktivität in der Luft bemerkt. Ursache war eine starke Südströmung, die radioaktiven Sand aus der Sahara mitgebracht hatte.

In Brasilien kommen Sandsteine mit Thorium vor, deren Strahlung 20mal so hoch wie die normale terrestrische ist.

Natürlich-radioaktive Nahrung

Eine Reihe von Pflanzen enthalten (ohne Fallout) radioaktive Stoffe, die sie über den natürlich-radioaktiven oder gedüngten Boden aufnehmen. Der Körper bemerkt dies nicht und lagert auch radioaktive Stoffe ein (Kalium 40, Jod 131), die dann aus „nächster Nähe“ auf die Organe strahlen.

Künstliche Radioaktivität

Durch technische Prozesse (Elektronen- und Protonenbeschuß, Kernspaltung usw.) kann radioaktive Strahlung ausgelöst und nutzbar gemacht werden. Sie ist neben den natürlichen Strahlenquellen bei der Gesamtstrahlenbelastung zu berücksichtigen.

Zivilisatorische Belastungen durch Medizin

Neben der therapeutischen Tumorbestrahlung gehört in weit höherem Maß die Röntgendiagnostik zur zivilisatorischen Belastung durch Medizin. Leider war man früher (und das ist noch gar nicht lange her!) sehr großzügig mit der Anwendung radioaktiver Substanzen (Jod) und mit Röntgenuntersuchungen. Unvorstellbar, daß sogar in Schuhgeschäften „durchleuchtet“ wurde (besonders bei Kindern), ob die Schuhe „passen“.

Die GSF (Gesellschaft für Strahlen- und Umweltforschung) stellt folgende Prinzipien auf:

- ✦ Jede Strahlenanwendung muß gerechtfertigt werden.
- ✦ Der Strahlenschutz muß optimiert werden.
- ✦ Die individuelle Strahlenbelastung ist zu begrenzen.

Das Bundesgesundheitsamt hat 1982 eine Untersuchung über die Röntgendiagnostik abgeschlossen und dabei eine Abnahme der Röntgenuntersuchungen durch ein größeres Strahlenschutzbewußtsein der Ärzte und durch alternative Untersuchungsmethoden (Ultraschall, Endoskopie) festgestellt. Die Röntgenverordnung von 1986 enthält Vorschriften zur Verbesserung des technischen Standards, und der Deutsche Bundestag forderte die Einführung eines „Röntgennachweisheftes", um unnötige Wiederholungsuntersuchungen zu vermeiden (in meiner Familie hat noch niemand eines bekommen!).

Der Hinweis auf die Gefahr soll kein Aufruf zum Röntgenboykott sein. Viele Krankheiten können nur durch die Röntgendiagnostik erkannt und rechtzeitig behandelt werden. Trotzdem ist vor jeder Untersuchung sorgfältig Nutzen und Risiko abzuwägen, besonders bei kleinen Kindern. Auch die stets zitierten „geringen Dosen" können zufallsbedingte Schäden verursachen (siehe Seite 166).

Radioaktive Stoffe in Industrie, Technik und Haushalt

Daß von Leuchtziffern an Uhren, Kompassen oder sonstigen Geräten oft eine stärkere Strahlung ausgeht als sie in der Nähe von Kernkraftwerken herrscht, ist bekannt. Weniger bekannt ist dagegen, daß auch viele Rauch- und Feuermelder Radium enthalten, sich in Notbeleuchtungen radioaktives Tritium befinden kann und optische Linsen Thorium einschließen. Da auch Gestein radioaktive Stoffe enthält, finden sich diese z.B. in Porzellan, Keramik und Glaswaren wieder. Früher wurden wegen der fluoreszierenden Wirkung sogar Gebrauchsgläser mit uranhaltigen Farbstoffen hergestellt.

Kernwaffenversuche

Als wäre der Gedanke an den Einsatz von Kernwaffen nicht schrecklich genug, erleiden wir bereits Schäden durch die Versuche, die in den 50er Jahren Hochkonjunktur hatten. Die Folgen (Fallout langlebiger Radionuklide) sind im menschlichen Körper noch immer nachweisbar. Trotzdem finden weiterhin Versuche (ca. 50 pro Jahr) statt. Warum wird der Kampf gegen Kernkraftwerke soviel intensiver als der gegen Kernwaffen geführt?

Strahlenbelastung

Das Bundesumweltministerium hat eine Tabelle über die Herkunft radioaktiver Strahlen und die daraus resultierende Belastung unseres Körpers **pro Jahr** veröffentlicht:

1. Natürliche Strahlenbelastung	pro Jahr
a) kosmische Strahlen durch Sonne und Sterne	ca. 30 mrem
b) terrestrische Strahlen (terra = Erde) durch Gesteine, Mauerwerk, Atmosphäre	ca. 50 mrem
c) durch mit Nahrungsmitteln oder Atmung aufgenommene natürlich-radioaktive Stoffe, die zur Eigenstrahlung im Körper führen	ca. 30 mrem
2. Zivilisatorische Strahlenbelastung	
a) durch Medizin:	
Röntgendiagnostik	ca. 50 mrem
Strahlentherapie und Nuklearmedizin	ca. 1 mrem
b) durch kerntechnische Anlagen	weniger als 1 mrem
c) durch Anwendung radioaktiver Stoffe und ionisierender Strahlung in Forschung, Technik, Haushalt	weniger als 2 mrem

d) berufliche Strahlenbelastung weniger als 1 mrem

e) Fallout von Kernwaffenversuchen weniger als 1 mrem

Wie die „ca.“-Angaben vermuten lassen, handelt es sich nur um ungefähre Werte, da wegen unterschiedlicher Verzehr- und Lebensgewohnheiten von anonymen Durchschnittswerten ausgegangen werden muß. Der statistische „Durchschnittsbürger“ verzehrt z.B. pro Jahr 100 kg Kartoffeln, 85 kg Fleisch und 100 l Milch.
„Gemittelt“ sind auch die anderen Belastungen, so daß z.B. die Werte eines Störfalles in einem Labor oder eine Vielzahl von Röntgenuntersuchungen eines Patienten bei der Umrechnung auf die Durchschnittsbevölkerung völlig untergehen, obwohl sie für den einzelnen Betroffenen schlimme Folgen haben können. Das ist so, als würde man den Drogenverbrauch in Deutschland auf die Gesamtbevölkerung umrechnen, danach dürfte es wegen der minimalen Pro-Kopf-Dosen keine Süchtigen oder gar Drogentote geben.
Die Zahlen in der Tabelle sind deshalb eher qualitativ zu werten.

Höchstwerte – die Becquerel in der Milch

Was unmittelbar nach dem Unfall von Tschernobyl alles über Grenzwerte, Richtlinien usw. geschrieben und gestritten wurde, soll nicht wiederholt werden. Doch man fragt sich natürlich, was wäre, wenn ein solcher Unfall heute passieren würde? Gäbe es da genauere Richtlinien?

Am 18. Juli 1989 hat DER RAT DER EUROPÄISCHEN GEMEINSCHAFTEN in der Verordnung 2218/89 folgende Höchstwerte an Radioaktivität in Nahrungsmitteln „im Falle eines nuklearen Unfalls oder einer anderen radiologischen Notstandssituation" festgelegt:

HÖCHSTWERTE FÜR NAHRUNGSMITTEL (Bq/kg)

	Nahrungsmittel			
	Nahrungs-mittel für Säuglinge	Milch-erzeug-nisse	Andere Nahrungs-mittel	Flüssige Nahrungs-mittel
Strontiumisotope, insbesondere Sr-90	175	125	750	125
Jodisotope, insbesondere J-131	150	500	2000	500
Alphateilchen emittierende Plutoniumisotope und Transplutoniumelemente, insbesondere Pu-239, Am-241	1	20	80	20
Alle übrigen Nuklide mit einer Halbwertzeit von mehr als 10 Tagen, insbesondere Cs-134, Cs-137	400	1000	1250	1000

So begrüßenswert die Einigkeit in der EG ist, kann man nur inständig hoffen, daß die Verordnung niemals angewendet werden muß. Höchstwerte verringern die Strahlenbelastung, verhindern können sie sie nicht. Die Gesellschaft für Strahlen- und Umweltforschung beurteilt das so:

> „Es ist kein Grenzwert, unterhalb dessen keine Gefährdung und oberhalb dessen eine Gefährdung vorliegt. Dieses Mißverständnis findet sich bei allen Beurteilungen über Grenzwerte im Strahlenschutz. Wir gehen jedoch im Strahlenschutz von der vorsichtigen Annahme aus, daß keine Schwellendosis existiert, unter der das genetische oder das karzinogene Strahlenrisiko gleich Null ist ..."

Da aber die Null-Radioaktivität schon wegen des natürlichen Vorkommens utopisch ist, haben auch Höchstwerte ihren Sinn. Wie kommt man nun auf die 500 Bq Jod 131 für 1 Liter Milch?

Nochmal die Bedeutung der Becquerel: Die Anzahl sagt aus, wieviel Zerfälle pro Sekunde stattfinden. Entscheidend ist aber, wieviel Energie je Zerfall frei wird, und das ist abhängig von der radioaktiven Substanz, die also immer gleichzeitig mit den Becquerel genannt werden muß. Nach Tschernobyl war es in der Milch hauptsächlich Jod 131.

Schwieriger ist es, die Wirkung auf den Menschen vorherzusagen. Dazu hat das Bundesgesundheitsamt sehr aufwendig biologische Dosisfaktoren für die verschiedenen Altersstufen, nach Verweildauer im Körper, nach Organen usw. berechnet und in mehreren umfangreichen Bänden niedergelegt.

Bei dem Höchstwert für Milch wurde besonders an Kinder gedacht, die durchschnittlich einen Liter Milch pro Tag verzehren. Berücksichtigt wurde, daß sich Jod bevorzugt in der Schilddrüse anlagert und diese beim Kind noch ein geringes Volumen hat. Außerdem sind Kinder besonders gefährdet, weil sich bei ihnen wegen des Wachstums laufend Zellen teilen und sich teilende Zellen eine geringere Widerstandskraft haben.

Für Kinder und Erwachsene gleichermaßen gilt, daß außer den Höchstwerten die Menge des verzehrten Nahrungsmittels wichtig ist. Damals war z.B. Schnittlauch stark belastet. Rechnet man aber 1 Löffel davon auf 1 kg Salat, dann ist die mit dem Schnittlauch aufgenommene Radioaktivität gering zu der des Salates. Vergleichbar dem Alkohol: Die Menge entscheidet über die Folgen. Wein enthält in der Regel 11% Alkohol, Rum z.B. 54%. Niemand wird auf die Idee kommen, den hochprozentigen Rum zu verbieten, den niedrigprozentigen Wein dagegen als ungefährlich zu erklären.

Natürlich basieren auch die Dosisfaktoren auf Schätzungen, auf Erfahrungen aus der Strahlenmedizin und den wenigen Unfällen. Beweisfähige Versuche gibt es nicht. Wer wäre schon bereit, freiwillig radioaktive Lebensmittel zu testen?

Kann man der Radioaktivität entfliehen?

Man könnte in einem Bergwerk oder einem speziellen Atomschutzbunker leben, Strahlenschutzkleidung tragen, nur bestimmte, radioaktivfreie Nahrung zu sich nehmen, jegliches Sonnenlicht und Röntgen-Untersuchungen meiden, nur garantiert strahlungsfreies Geschirr benutzen, auf alle Geräte verzichten, die in irgendeiner Form strahlen könnten usw. usw. Strahlenschäden lassen sich also vermeiden. Aber an welcher körperlichen oder seelischen Mangelkrankheit man dann, und zwar sehr rasch, sterben würde, diese Frage bleibt offen.
Offen ist auch nach wie vor, ob man sich an Radioaktivität gewöhnen kann. Es ist bekannt, daß Radioaktivität nicht nur Schäden verursacht, sondern in geringen Dosen auch gesundheitsfördernd wirkt, z.B. Radon in der Heilquelle von Badgastein. Bekannt ist auch, daß in Gegenden mit erhöhter Radioaktivität nicht unbedingt ein höheres Sterberisiko besteht, im Gegenteil, es gibt eine Gegend in Griechenland (Xanthi), in der wegen radioaktiver Erzvorkommen die Strahlung besonders groß ist, in der aber eine auffällige Langlebigkeit der Bevölkerung festgestellt wurde.

Naturwissenschaft und Technik – doch Frauensache?

Unter diesem Titel wurde 1987 in München ein Seminar deutscher Wissenschaftlerinnen abgehalten. In einem Aufsatz darüber finden sich folgende Sätze:

„Da die Naturwissenschaften und die Technik historisch hauptsächlich von Männern gestaltet wurden, schlug sich in ihnen der männliche Sozialcharakter nieder, der sich durch den Zugang zu den Domänen des Unpersönlichen, Rationalen, des Objektiven und des Allgemeinen definiert."

oder:

„Denn der Einsatz von Wissenschaft, der in aller Unpersönlichkeit – das heißt sachlich, rational, objektiv – erbracht wird, entlarvt sich als persönliche Signatur einer männlichen Sozialisation."

Diese Sätze sind aus dem Zusammenhang gerissen, aber auch mehrmals gelesen, konnte ich keine präzisen Schlußfolgerungen erkennen, ob Wissenschaft nun Frauensache sei oder nicht und was sich an den Naturgesetzen geändert hätte, wären sie von Frauen erforscht worden.

Wissenschaft wird als rational, sachlich und objektiv bezeichnet. Das wäre kein Hinderungsgrund für Frauen. Wo es angebracht ist, denken und entscheiden auch gefühlsbetonte Frauen durchaus rational. Frauen sind weder in der Intelligenz noch im Leistungswillen, in der Ausdauer oder Kreativität den Männern unterlegen. Auch die paar Gramm weniger Gehirn machen es nicht aus (vielleicht ist das weibliche konzentrierter?). Worin besteht nun der Unterschied? In dem Artikel ist wiederholt von männlicher oder geschlechtlicher Sozialisation und vom Sozialcharakter die Rede. Frau oder Mann, das ist kein gesellschaftlicher Status, Frau oder Mann, das sind biologisch völlig unterschiedliche Lebewesen, und dies bestimmt die Lebensweise und ist für mich der Grund, warum es so wenig Physikerinnen gibt.
Es mag skurril klingen, aber während Zeugung durchaus ein „Nebenjob" sein kann, ist es Schwangerschaft, Geburt und das Aufziehen eines Kindes nicht.

Warum ist aus der netten Physikwissenschaftlerin Fräulein Schäfer keine Physikerin geworden? Weil sie Frau Born und Mutter zweier Kinder wurde. Warum hörte man nie mehr von Forschungen des intelligenten Fräulein Hechter? Weil sie Fritz Straßmann heiratete, der 1938 zusammen mit Otto Hahn die Kernspaltung entdeckte. Die Liste ließe sich fortsetzen. Marie Curie war da sicher eine Ausnahme.

Je anspruchsvoller eine Tätigkeit, um so schwieriger ist es, sie nebenbei zu betreiben. Kaum eine Mutter vermag es, sich auf eine Versuchsreihe zu konzentrieren, die Nächte in Labors zu verbringen, wenn ihre Kinder sie brauchen. Und Kinder haben nun mal empfindliche Seelen, ein schwächeres Immunsystem, bedürfen der Mutter viel häufiger als man denkt und immer dann, wenn diese einen Vortrag halten soll, wenn ein Test in der entscheidenden Phase ist.

Für das Überleben der Menschheit ist nicht die Erforschung physikalischer Gesetze, die Eroberung des Weltraumes oder die Entwicklung neuer Techniken Voraussetzung. Überleben können wir nur dann, wenn es eine neue Generation gibt. Klingt das zu simpel? Naturwissenschaftliche Grundgesetze sind oft sehr einfach und zur Natur gehört es eben, daß Frauen Kinder haben, und ist das nicht auch eine großartige Aufgabe? Natürlich könnten auch Männer die Kinder aufziehen und die Frauen forschen. Aber was wäre daran besser? Naturgesetze sind Naturgesetze und können auch durch weibliche Ansichten nicht verändert werden.

Heißt das nun, daß uns Frauen die Naturwissenschaften nichts angehen? Nein, im Gegenteil.
Um Zerstörungen der Natur zu verhindern, um die künftige Generation vor den Folgen unserer Wegwerfgesellschaft zu bewahren, um Gigantismus in Forschung und Technik, um die Zerstörung unserer Natur zu verhüten, **darum ist Naturwissenschaft selbstverständlich auch Frauensache!**

Es gab sie doch – die Frauen in der Physik

Da ist zunächst **Lise Meitner** (1878–1968). Ohne Privatleben, ohne Bindungen lebte sie nur mit und für die Physik. Sie war Leiterin der kernphysikalischen Abteilung am Kaiser-Wilhelm-Institut in Berlin und erarbeitete zusammen mit Otto Hahn die Grundlagen für die Entdeckung

der Kernspaltung. Im Juli 1938 emigrierte sie mit Hahns Hilfe über Holland nach Schweden und konnte die erfolgreiche Uranspaltung nur von Stockholm aus mitverfolgen. Wegen der unguten Situation und der schlechten Arbeitsbedingungen hörte man danach wenig von ihr. Ist es nicht traurig, wenn eine Frau mit ihren Fähigkeiten in einem Brief am 19. 4. 39 an Otto Hahn schreiben mußte:

> „Glaubst Du, daß man einen Block Logarithmenpapier 1:100 haben könnte?“

Bescheiden und still, aber stets von den Kollegen als gleichrangig behandelt und nach dem Krieg mit vielen Ehrungen versehen, so läßt sich ihr Leben zusammenfassen.
Die amerikanische Frauenbewegung hat sich jetzt ihrer Biographie angenommen und bemängelt, daß sie immer nur als Mitarbeiterin Otto Hahns bezeichnet wird und nicht mit ihm zusammen den Nobelpreis erhalten hat. Daran läßt sich nichts mehr ändern, aber immerhin wird die Darstellung der Kernspaltung im Deutschen Museum in München korrigiert und vielleicht auch ihre Büste in dem sogenannten Ehrensaal aufgestellt.

Mehr Stoff für Biographien und Romane hat **Marie Curie** (1867–1934) geliefert, die als polnische Studentin (Marie Sklodowska) nach Paris kam und sich mit einem fast fanatischen Eifer in Studien und Experimente stürzte. Ihre wichtigsten Lebensdaten: 1898 Entdeckung des Poloniums und Radiums, Doktorarbeit über Becquerel-Strahlen, 1903 zusammen mit ihrem Mann Pierre Curie Nobelpreis für Physik, als erste Frau einen Lehrstuhl an der Sorbonne. 1911 Nobelpreis für Chemie.

Marie Curie begann ihre Forschungen mit „Kochen“. Monatelang kochte sie in einer eiskalten, zugigen Waschküche Pechblende. Aufgerissene, entzündete Hände, Lungenentzündung, Schwangerschaft und Fehlgeburt konnten sie nicht aufhalten. Aus Unmengen Uranpecherz, dessen Radioaktivität zunächst noch nicht bekannt war, isolierte sie Polonium (nach ihrer polnischen Heimat) und später Radium.
Trotz intensiver wissenschaftlicher Forschungen galt alle ihre Liebe ihrem Mann und ihren beiden Töchtern. Nichts zeigt so deutlich den Empfindungsreichtum dieser Frau, wie ihre Aufzeichnungen bei dem frühen und tragischen Tod ihres Mannes Pierre. Er war – in Gedanken versunken – von einem Pferdefuhrwerk überfahren worden.
Die meisten persönlichen Briefe hat sie später vernichtet. Von den erhaltenen hat ihre Tochter Eve einige veröffentlicht, andere sind in der Bibliotheque Nationale aufbewahrt und dürfen vor dem letzten Jahrzehnt dieses Jahrhunderts nicht gelesen werden. Vielleicht sollte man sie auch weiter ruhen lassen.
Schon damals zogen die Zeitungen über eine angeblich sehr enge Beziehung zu dem Wissenschaftler Langevin her, was würden erst, wenn es sich durch Briefe bestätigte, heute die Medien daraus machen?
Wie alle bekannten Wissenschaftler, fühlte sich auch Marie Curie nur der Forschung verpflichtet. Niemals versuchte sie, Profit aus ihren aufsehenerregenden Erfindungen zu machen, stets gab sie ihre Ergebnisse und auch das so mühsam gewonnene Radium an andere Institute weiter. Finanziell war sie sogar zeitweise auf amerikanische Frauenverbände angewiesen.
Die jahrelange Arbeit mit radioaktiven Substanzen brachte ihr nicht nur fast ständig bandagierte Hände, sondern später auch den Tod. Ihr Schwiegersohn Joliot-Curie entdeckte, daß ihr Kochbuch noch nach 50 Jahren radioaktiv strahlte.
Das Leben von Marie Curie ist durch Tatkraft gekennzeichnet. Noch auf ihrem Sterbebett machte sie Pläne. Eine außergewöhnliche Frau!

Einstein sagte 1935 über sie:

> „Ich hatte das Glück, mit Frau Curie zwanzig Jahre lang durch eine schöne und ungetrübte Freundschaft verbunden zu sein, was mich lehrte, ihre menschliche Größe in immer steigendem Maße zu bewundern. Sie war von einer Stärke und Lauterkeit des Willens, von einer Härte gegen sich selbst, von einer Objektivität und Unbe-

stechlichkeit des Urteils, die selten in einem Menschen vereinigt sind. Sie fühlte sich in jedem Augenblick als Dienerin der Gesellschaft, und ihre tiefe Bescheidenheit ließ keine Selbstzufriedenheit aufkommen ...
Die größte wissenschaftliche Tat ihres Lebens, der Existenz-Nachweis und die Isolierung radioaktiver Elemente, verdankt die Realisierung nicht nur einer kühnen Intuition, sondern auch einer Hingabe und Zähigkeit in der Ausführung ihrer Forscherarbeit, unter denkbar harten äußeren Verhältnissen, wie sie in der Geschichte der experimentellen Wissenschaft nicht oft aufgetreten ist.
Wenn auch nur ein kleiner Teil von Frau Curies Charaktergröße und Hingabe in den Intellektuellen Europas lebendig wäre, stünde es besser um Europas Schicksal."

Großes Ansehen in der Wissenschaft errang auch Marie Curies Tochter **Irène Joliot-Curie** (1897–1956), verheiratet mit dem Atomphysiker Frédéric Joliot.
Das Ehepaar Joliot-Curie entdeckte gemeinsam die künstliche Radioaktivität und wies 1939 die Kettenreaktion in Uran nach. Nobelpreis für Chemie 1935.
Auch Irène Curie wurde ein Opfer ihrer Arbeit, sie starb an Leukämie.

Schluß

Was erwartet man von einem Schluß? Die Entscheidung, die Lösung eines Geheimnisses, die Entwirrung von Verwicklungen, vielleicht ein Happy-End. Das alles kann ein eher sachliches Buch zwischen Alltag und Wissenschaft nicht bieten. Für die Physik gibt es kein Ende. Die Forschungen werden weitergehen, man wird weitere Zusammenhänge erkennen, noch tiefer in das Wissen um die Bausteine der Materie eindringen, die Entstehung des Universums im Experiment nachvollziehen, das Unerklärliche im Kosmos begreiflich machen.
Auch wenn niemand mehr forscht auf unserer Erde, wenn die Sonne verglüht, die Erde erkaltet ist, die Physik hört nicht auf. Energie kann nicht verlorengehen, irgendwo im Weltall wird eine neue Sonne, ein neues Sonnensystem mit Planeten und Monden entstehen, auch dort werden wieder Naturgesetze herrschen, vielleicht andere als heute. Sie werden sich ohne menschliche Beeinflussung entwickeln. Ob es dann wieder Menschen, Physiker, gibt, die die natürlichen Gesetzmäßigkeiten erforschen?

Als eher diesseitiger Mensch möchte ich aber dieses Buch nicht im fernen, unvorstellbaren Weltall enden lassen, sondern zum letztenmal die Verbindung zwischen Frauen und Physik aufgreifen.
Durch alle Kapitel zieht sich mein Bemühen, die Physik lebendig zu machen, die Hintergründe zu erklären und insbesondere mit der Arbeit im Haushalt zu verknüpfen. Intuitiv beherrscht eine Hausfrau viele Naturgesetze, kombinierend nutzt sie sie aus. Und darauf darf sie stolz sein.

Ottobrunn bei München, im April 1990
Ingrid Kruse

Sachregister

Hörschäden 114

Literaturverzeichnis

Hier sollte nun eine Liste von allen Büchern stehen, die ich benutzt habe. Leider muß ich da passen. Physik interessiert mich schon so lange, und ich habe, wo immer mir ein interessant erscheinendes Buch in die Hände kam, darin gelesen, nicht erst, seit ich dieses Buch begonnen habe. Deshalb kann ich nicht sagen: Dieses Beispiel stammt aus dem und jenes aus einem anderen Buch, das Sie unbedingt lesen sollten.

Mein allgemeiner Hinweis: Gehen Sie nicht achtlos an den Regalen mit naturwissenschaftlichen Büchern vorbei. Sicher, viele Physikbücher legt man schnell wieder weg, weil sie einfach zu wissenschaftlich sind. Aber beim Blättern merkt man schon, was man lesen möchte, was interessant sein könnte.

Am unterhaltendsten sind Biographien. Steht der Mensch im Vordergrund, werden seine Arbeiten und Forschungen verständlich, man fühlt sich persönlich mit einbezogen in Erfolge und Mißerfolge und lernt Anteil nehmend die Probleme der Physik kennen.